Histoire Naturelle
DES
POISSONS D'EAU DOUCE
de
L'EUROPE CENTRALE
par
L.ᵉ AGASSIZ
Livraison.
Contenant les Salmones
Neuchatel
Suisse
Aux frais de l'Auteur.
IMPRIMÉ A LA LITHOGRAPHIE DE H. NICOLET.
Jos. Dinkel del.

MODE DE PUBLICATION.

Chaque livraison comprendra autant que possible la monographie d'une famille naturelle. Cependant, pour ne pas retarder plus long-temps la publication de cet ouvrage, annoncé depuis tant d'années, je divise en deux livraisons la première monographie, qui embrasse les Salmones et qui comprend le plus grand nombre de planches.

Cette 1ʳᵉ Livraison contient toutes les planches représentant les espèces des genres SALMO et THYMALLUS, avec leur explication en français, en allemand et en anglais.

Le premier volume du texte, qui comprendra l'histoire naturelle et l'anatomie de ces poissons, paraîtra avec la seconde livraison des planches qui représentent les espèces du genre Coregonus et les détails anatomiques relatifs à toute la famille.

PRIX DE LA 1ʳᵉ LIVRAISON, (DE 27 PLANCHES).

Sur papier vélin ordinaire . . . . 75 fr.
Sur papier vélin surfin, exemplaires choisis et retouchés avec le plus grand soin . 100 fr.
Sur carton vélin. Exemplaires de luxe . . . . 150 fr.

Tous les exemplaires ont été collationnés deux fois. Ils comprennent chacun les feuilles suivantes :

Tab. 1. Salmo Salar L. (mâle). Colorié; avec son explication.
Tab. 1ᵃ. Salmo Salar. En noir; id.
Tab. 1ᵇ. Salmo Salar L. (femelle). Colorié; id.
Tab. 2. Salmo Salar L. (femelle). Colorié; id.
Tab. 3. Salmo Fario L. Colorié; id.
Tab. 3ᵃ. Salmo Fario L. En noir; id.
Tab. 3ᵇ. Salmo Fario L. (jeunes). Colorié; id.
Tab. 4. Salmo Fario L. (variétés). Colorié; id.
Tab. 4ᵇ. Salmo Fario L. (variétés). Colorié; id.
Tab. 5. Salmo Fario L. (variétés). Colorié; id.
Tab. 6. Salmo Trutta L. (jeune). Colorié; id.
Tab. 7. Salmo Trutta L. (mâle). Colorié; id.
Tab. 7ᵃ. Salmo Trutta L. En noir; id.
Tab. 8. Salmo Trutta L. (femelle). Colorié; id.

Tab. 9. Salmo Umbla L. (jeunes). Colorié; avec son explicat.
Tab. 10. Salmo Umbla L. (mâle). Colorié; id.
Tab. 10ᵃ. Salmo Umbla L. En noir; id.
Tab. 11. Salmo Umbla L. (femelle). Colorié; id.
Tab. 12. Salmo Hucho L. (jeune). Colorié; id.
Tab. 13. Salmo Hucho L. Colorié; id.
Tab. 13ᵃ. Salmo Hucho L. En noir; id.
Tab. 14. Salmo lacustris L. (jeune). Colorié; id.
Tab. 15. Salmo lacustris L. Colorié; id.
Tab. 15ᵃ. Salmo lacustris L. En noir; id.
Tab. 16. Thymallus vexillifer Ag. (jeune femelle). Colorié; id.
Tab. 17. Thymallus vexillifer Ag. (mâle). Colorié; id.
Tab. 17ᵇ. Thymallus vexillifer Ag. En noir; id.

HISTOIRE NATURELLE

DES

POISSONS D'EAU DOUCE.

HISTOIRE NATURELLE

DES

POISSONS D'EAU DOUCE

DE L'EUROPE CENTRALE;

PAR

L⁵ AGASSIZ.

PLANCHES.

NEUCHATEL (SUISSE),

(aux frais de l'auteur.)

INSTITUT LITHOGRAPHIQUE DE R. NICOLET.

1839.

A L'ASSOCIATION BRITANNIQUE

POUR L'AVANCEMENT DES SCIENCES.

Dès l'apparition de mes *Recherches sur les poissons fossiles*, l'*Association britannique pour l'avancement des sciences* a voté, à différentes reprises, des sommes considérables pour les travaux qui se feraient en Angleterre sur ce sujet. Le *Comité* chargé d'en diriger l'emploi a cru agir dans l'intérêt de la science en me remettant ces sommes, qui m'ont fourni les moyens d'embrasser dans mon ouvrage tout ce que l'Angleterre offre de plus intéressant en fossiles de cette classe. En acceptant l'appui d'une société qui contribue si puissamment aux progrès des sciences d'observation, j'ai contracté envers elle une dette dont je ne crois pas pouvoir mieux m'acquitter aujourd'hui, qu'en lui dédiant ce nouvel ouvrage, dont la publication n'est devenue possible que par suite de l'accueil favorable fait à mes premiers travaux. Je m'estimerais heureux si l'*Association britannique pour l'avancement des sciences* daignait voir dans ce faible hommage public un simple gage de ma reconnaissance.

Neuchâtel, le 14 juillet 1839.

L' AGASSIZ.

TAB. I.

SALMO SALAR Lin.

<table>
<tr><td>

Noms français.

Le Saumon ; le Saumon commun ; le Saumon du Rhin ; le Bécard (le mâle) ; le Saumoneau (jeune.)

Les planches I, Iᵃ, Iᵇ, et II, représentent toutes quatre le même poisson.

La Pl. I. représente le mâle apres qu'il a séjourné quelque temps dans les rivières. L'exemplaire figuré, réduit au tiers de sa grandeur naturelle, a été harponné en décembre, dans la Limath, à Zurich.

La figure supérieure de gauche montre la forme de la mâchoire inférieure lorsque le poisson ouvre la gueule. La figure supérieure de droite est une coupe transversale prise à la hauteur de la dorsale ; elle indique l'épaisseur des chairs autour de la cavité abdominale. La figure inférieure représente les contours du poisson vu d'en haut. Les lignes ponctuées indiquent l'insertion des nageoires inférieures.

Le même poisson est encore figuré Pl. Iᵃ, avec différens détails.

Les Pl. Iᵇ, et II, représentent des femelles à différentes époques de l'année. (Voir l'explication de ces planches.)

</td><td>

Deutsche Namen.

Der Salm ; der gemeine Salm ; der Rhein-Salm ; der Lachs ; der gemeine Lachs ; der Rheinlachs ; der Hacken—Lachs (der männliche Fisch) ; der Salmling (jung).

Tafel I, Iᵃ, Iᵇ, und II, stellen alle vier denselben Fisch dar.

Tafel I. ist der Milchner, nachdem er schon einige Zeit in den Flüssen verweilt hat. Das abgebildete Exemplar, auf ein Drittel der natürlichen Grösse reducirt, wurde im Monat Dezember, in der Limath bei Zürich gefangen.

Die obere Figur links zeigt die Form des Unterkiefers, wenn der Fisch den Rachen aufsperrt. Die obere Figur rechts ist ein Querdurchschnitt nahe an der Rückenflosse, um die Dicke der, die Bauchhöhle umgehenden, Fleischmasse zu zeigen. Die untere Figur zeigt die Umrisse des Fisches von oben gesehen. Die gebrochenen Linien entsprechen der Anheftung der unteren Flossen.

Derselbe Fisch ist auch Tafel Iᵃ, mit verschiedenen Details abgebildet.

Tafel Iᵇ, und II, sind Weibchen in verschiedenen Jahreszeiten. (Siehe die Erklärung dieser Tafeln.)

</td><td>

English names.

The Salmon ; the common Salmon ; the true Salmon ; the Rhine-Salmon ; the Grilse (first year) ; the Smolt (young).

The plates I, Iᵃ, Iᵇ, and II, concern the same fish.

Pl. I, is a male after it has remained some time in a river, one third of its natural length. It was taken in December, in the Limath near Zurich.

The left hand figure at the top shows the form of the lower jaw, when the mouth is opened. The right hand figure at the top represents a transversal section taken near the dorsal fin, and showing the thickness of the flesh about the abdominal cavity. The lower figure gives the outline of the fish from above. The pointed lines indicate the insertion of the lower fins.

The same fish is also figured Pl. Iᵃ, with different details.

Pl. Iᵇ, and II, represent females at different seasons. (See the explanation of these plates.)

</td></tr>
</table>

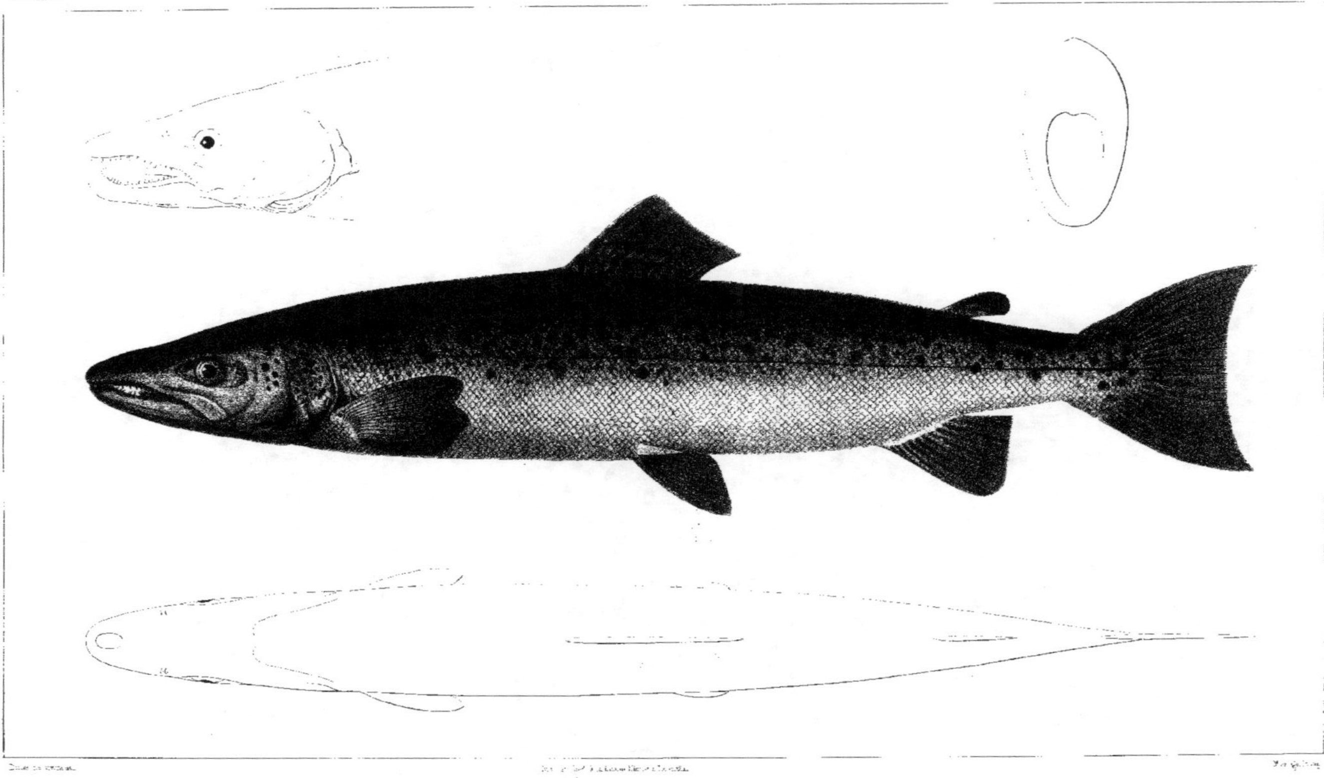

TAB. I^a.

SALMO SALAR L_{in.}

Noms français.

Le Saumon ; le Saumon commun ; le Saumon du Rhin ; le Bécard (le mâle) ; le Saumoneau (jeune).

Fig. 1 représente les contours de ce poisson , réduit d'un tiers , la forme et la position des écailles , la position des nageoires et le nombre de leurs rayons, ainsi que les contours précis des différens os de la tête et de la ceinture thoracique , visibles à l'extérieur.

Fig. 2 est un rayon de la dorsale, de grandeur naturelle : fig. 2′ le montre par sa face antérieure.

Fig. 3 est une écaille isolée, de grandeur naturelle. Fig. 3′ en donne la figure grossie. Fig. 3″ est un fragment de cette même écaille, sous un très-fort grossissement, afin de rendre sensibles les bords des différentes lames dont se compose chaque écaille.

Fig. 4 est un rayon de la caudale de grandeur naturelle, vu en profil ; fig. 4′ en montre la base avec sa bifurcation, vue par sa face antérieure.

Fig. 5 est un rayon de l'anale , de grandeur naturelle, dont la base est vue par sa face antérieure en 5′.

Fig. 6 est un rayon de la ventrale gauche , de grandeur naturelle ; sa base est vue par sa face antérieure en 6′.

Fig. 7 est un rayon de la pectorale gauche , de grandeur naturelle ; sa base est vue par sa face antérieure en 7′.

Deutsche Namen.

Der Salm ; der gemeine Salm ; der Rhein-Salm ; der Lachs ; der gemeine Lachs ; der Rheinlachs ; der Hacken-Lachs (der männliche Fisch) ; der Salmling (jung).

In Fig. 1 sind die Umrisse des Fisches, um ein Drittheil verkleinert, die Grösse und die Lage der Schuppen , die Stellung der Flossen und die Zahl und Grösse ihrer Strahlen , so wie auch die genaue Form der verschiedenen äusserlich sichtbaren Knochen des Kopfes und des Schultergürtels, dargestellt.

Fig. 2 ist ein einzelner Strahl aus der Rückenflosse, in natürlicher Grösse ; von vorn gesehen bei 2′.

Fig. 3 ist eine einzelne Schuppe in natürlicher Grösse. Fig. 3′ zeigt dieselbe in vergrössertem Maasstabe, und Fig. 3″, bei noch stärkerer Vergrösserung, um die Ränder der verschiedenen Lamellen zu zeigen, aus denen die Schuppe zusammengesetzt ist.

Fig. 4 ist ein Strahl der Schwanzflosse , von der Seite gesehen, in natürlicher Grösse ; bei 4′ ist die Basis desselben mit ihren Gabeln, von oben sichtbar.

Fig. 5 ist ein Strahl der Afterflosse, in natürlicher Grösse, dessen Basis bei 5′ von vorn zu sehen ist.

Fig. 6 ist ein Strahl der linken Bauchflosse, in natürlicher Grösse , dessen Basis bei 6′ von vorn zu sehen ist.

Fig. 7 ist ein Strahl der linken Brustflosse, in natürlicher Grösse , dessen Basis bei 7′ von vorn zu sehen ist.

English names.

The Salmon ; the common Salmon ; the true Salmon ; the Rhine-Salmon , the Grilse (first year) ; the Smolt (young).

Fig. 1 represents the outline of this fish, reduced one third, the form and position of the scales , the position of the fins and the number of their rays , and the exact outlines of the bones of the head and shoulder , as visible from the outside.

Fig. 2 is a ray of the dorsal fin, natural size ; fig. 2′ represents its base from before.

Fig. 3 is a single scale, natural size ; fig. 3′ represents it magnified , and fig. 3″ shews a fragment of the same highly magnified , in order to render visible the edges of the plates which compose it.

Fig. 4 is a ray of the caudal fin , natural size and seen in profile ; fig. 4′ shews its base with its bifurcation as seen from before.

Fig. 5 is a ray of the anal fin , natural size ; fig. 5′ its base as seen from before.

Fig. 6 is a ray of the ventral fin , natural size ; fig. 6′ its base as seen from before.

Fig. 7 is the ray of the pectoral fin , natural size ; fig. 7′ its base as seen from before.

Le Saumon du Rhin _ der Rhein Lachs _ the Rhine Salmon.

TAB. I^b.

SALMO SALAR L_{in}.

<table>
<tr><td>

Noms français.

Le Saumon ; le Saumon commun ; le Saumon du Rhin ; le Bécard (le mâle) ; le Saumoneau (jeune.)

Les planches I, I^a, I^b. et II, représentent toutes quatre le même poisson.

La planche.I^b représente la femelle du Saumon, dans les mêmes circonstances que le mâle figuré Tab. I, c'est-à-dire, après qu'elle a séjourné long-temps dans les rivières. L'exemplaire figuré, réduit au tiers de la grandeur naturelle, a été pêché en décembre, dans la Limath, près de Zurich. Son extrême maigreur et sa forme très-allongée résultent de ce qu'à cette époque le corps s'affaisse après la ponte.

La figure du milieu représente les contours du même poisson vu d'en haut.

Les quatre figures inférieures sont des écailles grossies, prises sur l'exemplaire figuré ; celle de gauche est prise au-dessus de la ligne latérale, la suivante est tirée de la ligne latérale même; elle se voit en dessous, au trait, à droite de la planche. La troisième est prise sur les côtés du ventre.

La planche II représente une femelle avant la ponte. Les planches I et I^a représentent le mâle. (Voir l'explication de ces planches.)

</td><td>

Deutsche Namen.

Der Salm ; der gemeine Salm ; der Rhein-Salm ; der Lachs ; der gemeine Lachs ; der Rheinlachs ; der Hacken-Lachs (der männliche Fisch) ; der Salmling (jung.)

Tafel I, I^a, I^b, und II, stellen alle vier denselben Fisch dar.

Diese Tafel zeigt das Weibchen des auf Tafel I abgebildeten Rheinlachses, nachdem es ebenfalls lange Zeit in den Flüssen verweilt hat. Das abgebildete Exemplar, auf ein Drittel der natürlichen Grösse reducirt, wurde im December in der Limath bei Zürich gefangen. Dass es so langgestreckt und mager ist, rührt daher, dass in dieser Jahreszeit der Leib immer, nach dem Leichen, zusammenfällt.

Die mittlere Figur zeigt den Umriss desselben Fisches von oben gesehen.

Die vier unteren Figuren sind vergrösserte Schuppen aus verschiedenen Theilen des Körpers desselben Fisches. Die linke ist oberhalb der Seitenlinie genommen ; die darauf folgende gehört zur Seitenlinie selbst ; rechts sieht man die Umrisse der untern Seite derselben. Die dritte Schuppe endlich ist der Bauchseite entnommen.

Auf Tafel II ist ein Weibchen vor der Leichzeit abgebildet. Tafel I und I^a sind dagegen Männchen. (Siehe die Erklärung dieser Tafeln.)

</td><td>

English names.

The Salmon ; the common Salmon ; the true Salmon ; the Rhine-Salmon ; the Grilse (first year) ; the Smolt (young.)

The plates I, I^a, I^b, and II, represent the same fish.

The plate I^b represents a female Salmon, one third of its natural length, under the same circumstances, as the male figured in Pl. I, viz after it has remained some time in a river. It was also taken in december, in the Limath near Zurich. At this time the fish having spawned is out of condition, very meager and appears proportionnelly much longer than before.

The middle figure gives the outline of the same fish from above.

The four lower figures are magnified scales from different parts of that fish : the left hand scale is taken from above the lateral line ; the one following is taken from the lateral line itself (its outline from below is figured at the right hand) ; the third is from the abdominal region.

Pl. II represents a female before spawning. Pl. I and I^a represent the male (See the explanation of these plates.)

</td></tr>
</table>

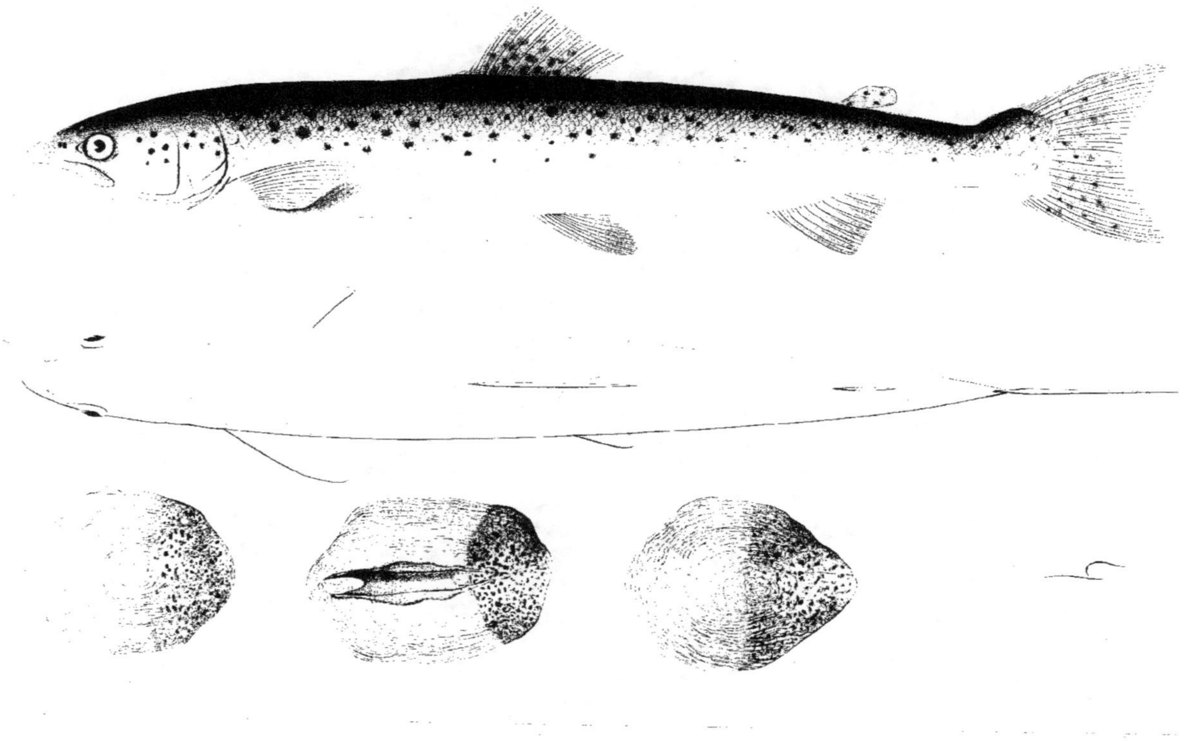

TAB. II.

SALMO SALAR L_{in}.

Noms français.

Le Saumon; le Saumon commun; le Saumon du Rhin; le Bécard (le mâle); le Saumoneau (jeune.)

La planche II représente une femelle adulte, réduite au tiers de sa grandeur naturelle, peu de temps après son entrée dans l'eau douce. Alors le saumon revêt encore la livrée qu'il porte en mer et qui change considérablement après un séjour prolongé dans les rivières, comme on peut en juger en comparant ce poisson avec ceux des planches I et Iᵇ. L'exemplaire figuré a été pêché vers la fin de mai, près du Hâvre-de-Grâce. La figure inférieure donne les contours de ce poisson vu d'en haut.

La planche I représente le mâle, et la planche Iᵇ la femelle après la ponte. (Voir l'explication de ces planches.)

Deutsche Namen.

Der Salm; der gemeine Salm; der Rhein-Salm; der Lachs; der gemeine Lachs; der Rheinlachs; der Hacken-Lachs (der männliche Fisch); der Salmling (jung.)

Tafel II stellt einen alten Roggner, um zwei Dritttheile, verkleinert, bald nach seinem Eintritt in das süsse Wasser. Zu dieser Zeit hat der Salm noch dieselbe Farbe, wie während seines Aufenthalts im Meer; bei einem verlängerten Aufenthalt in Flüssen verändert sie sich aber bedeutend, wie man aus der Vergleichung mit den Fischen von Taf. 1, Iᵇ ersehen kann. Das abgebildete Exemplar wurde zu Ende Mai unfern Hâvre-de-Grâce gefangen. Die untere Figur gibt die Umrisse desselben Fisches von oben gesehen.

Taf. 1 stellt den Milchner und Taf. Iᵇ den Roggner nach der Leichzeit dar. (Siehe die Erklärung dieser Tafeln.)

English names.

The Salmon; the common Salmon; the true Salmon; the Rhine-Salmon; the Grilse (first year); the Smolt (young).

Plate II represents a female adult (reduced one third of its natural size), a short time after its entering into fresh water. It then has the same colour as when at sea, but which changes considerably, after it has remained some time in a river. By comparing this fish with those of plates I et Iᵇ you are able to judge of the difference. The individual figured in this plate was taken towards the end of mai near Hâvre-de-Grâce. The lower figure gives the outline of this fish as seen from above.

Plate I represents the male and plate Iᵇ the female after spawning. (See the explanation of these plates.)

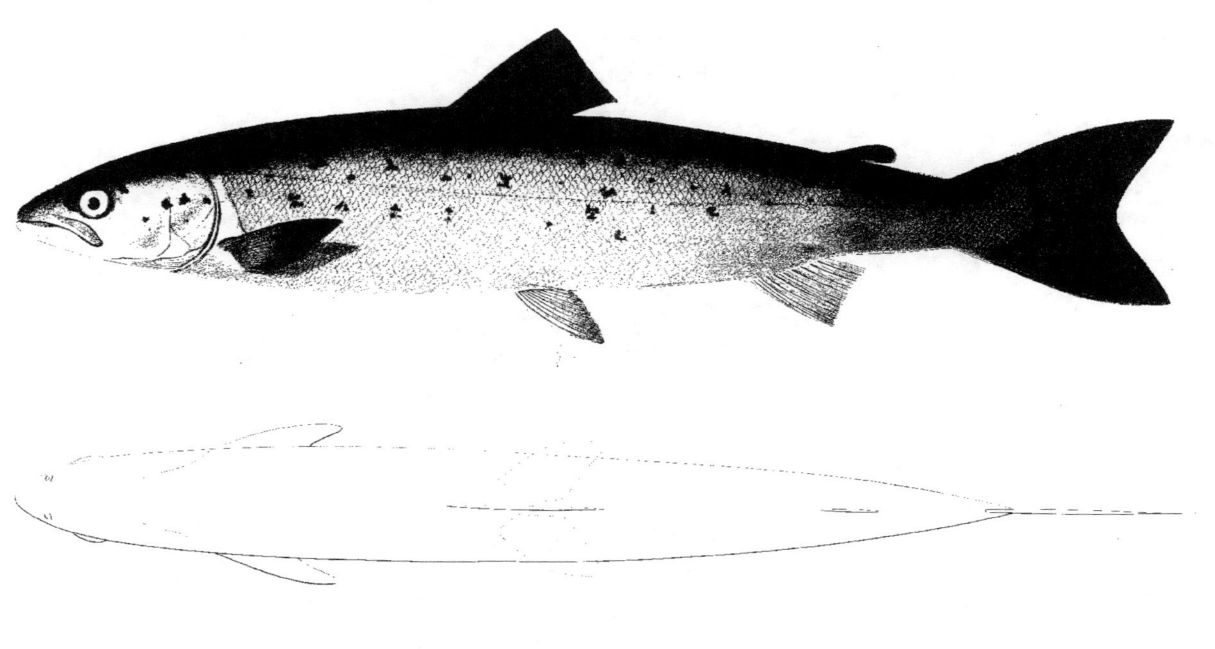

TAB. III.

SALMO FARIO Lin.

———●○●———

Noms français.

La truite ; la truite commune ; la truite de rivière ; la truite de ruisseau ; la truitelle (jeune.)

Les planches III, III*a*, III*b*, IV, IV*b* et V, représentent toutes les six la même espèce.

La planche III est la petite truite commune, avec ses teintes les plus ordinaires, telle qu'on la trouve si fréquemment dans les rivières un peu rapides, surtout dans les endroits où les rivages sont peu ombragés et le lit des eaux peu encaissé. Elle est faiblement réduite.

La figure inférieure représente les contours de ce poisson vu d'en haut, et la figure du milieu sa coupe transversale en avant des ventrales. Les figures de droite sont des écailles grossies : celle d'en haut est prise au-dessus de la ligne latérale ; la suivante dans la série même de la ligne latérale (au bas de la planche cette écaille est représentée au trait, vue par dessous) ; la troisième provient des côtés du ventre.

La table III*a* contient différens détails d'un exemplaire un peu plus grand.

La planche III*b* représente des jeunes, et les planches IV, IV*b* et V, différentes variétés de la même espèce. (Voir l'explication de ces planches.)

Deutsche Namen.

Die Forelle ; die Bachforelle ; die Flussforelle ; die Bergforelle ; die Steinforelle ; die Waldforelle ; die Goldforelle ; die Weissforelle ; die Schwartzforelle.

Taf. III, III*a*, III*b*, IV, IV*b* und V stellen alle sechs dieselbe Species vor.

Taf. III zeigt die gemeine Bach–Forelle, mit ihrer gewöhnlichen Färbung, wie man sie so häufig in den etwas schnellfliessenden Bächen antrifft, besonders an solchen Stellen wo die Ufer wenig beschattet und das Flussbett flach ist.

Die untere Figur zeigt den Umriss des Fisches von oben gesehen, und die mittlere Figur einen Durchschnitt desselben vor den Bauchflossen. Die Figuren auf der rechten Seite sind vergrösserte Schuppen : die obere ist über der Seitenlinie genommen ; die folgende gehörte der Seitenlinie selbst an, (zuunterst sind die Umrisse derselben, von unten gesehen, angegeben) ; die dritte endlich ist der Bauchgegend entnommen.

Auf Taf. III*a* sind verschiedene Details eines etwas grösseren Exemplars abgebildet.

Taf. III*b* zeigt junge Exemplare, und Taf. IV, IV*b* und V verschiedene Varietäten derselben species. (Siehe die Erklärung dieser Tafeln.

English names.

The Trout ; the common Trout ; the River-Trout ; the Gillaroo ; the Parr (a young Trout.)

The six plates III, III*a*, III*b*, IV, IV*b*, et V, all represent the same species.

Plate III represents the common small trout (the size a little diminished), frequently found in rather rapid rivers ; particularely in places where the sides are neither much elevated nor shaded.

The bottom figure gives the outline of this fish seen from above. The middle figure a transversal section before the ventral fins.

The figures on the right represent the scales magnified : the one at the top is taken from above the lateral line (at the bottom of the plate is an outline of the under part of this scale) ; the third is taken from the side of the belly.

Plate III*a* contains different details of a variety rather larger than the others.

Plate III*b* represents the Parr (a joung trout.)

Plates IV, IV*b* et V represent different varieties of the same species. (See explanation of these plates.)

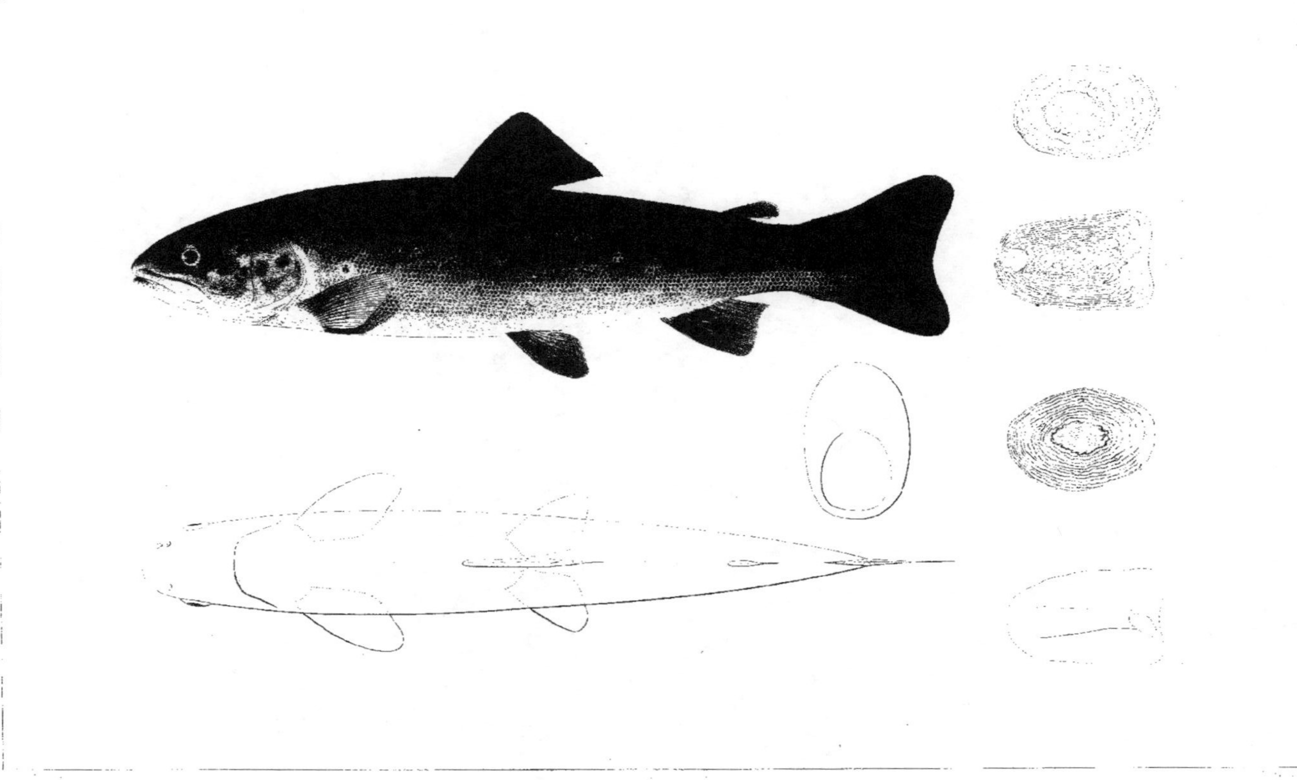

La truite commune.   _Die Bach-Forelle._   _Common Trout._

TAB. III^a.

SALMO FARIO L_{in}.

Noms français.

La truite ; la truite commune ; la truite de rivière ; la truite de ruisseau ; la truitelle (jeune.)

La figure 1 de cette planche représente les contours de la truite commune, dans le but de faire ressortir la disposition des écailles, les différences de dimension qu'elles affectent sur différens points du corps, la forme et la division des rayons et les contours précis des os de la tête et de la ceinture thoracique.

La fig. 2 montre quelques écailles faiblement grossies, dans leur juxtaposition et leur imbrication naturelle.

La fig. 3 est un rayon de la nageoire dorsale, grossi et montrant ses divisions longitudinales et ses articulations transversales.

La fig. 4 est un rayon de la nageoire caudale, grossi et vu en profil, c'est-à-dire de côté ; la fig. 4' le représente d'en haut, c'est-à-dire par son bord, position qui met en évidence la bifurcation par laquelle il est inséré sur la dernière vertèbre de la queue.

La fig. 5 est un rayon de la nageoire anale, grossi et vu en profil. La fig. 5' représente sa base par derrière.

La fig. 6 est un rayon de la nageoire ventrale gauche, grossi et vu en profil.

La fig. 7 enfin est un rayon de la nageoire pectorale gauche, grossi également, vu en profil, et dont la fig. 7' représente la base par devant.

Deutsche Namen.

Die Forelle ; die Bachforelle ; die Flussforelle ; die Bergforelle ; die Steinforelle ; die Waldforelle ; die Goldforelle ; die Weissforelle ; die Schwarzforelle.

Fig. 1, zeigt die Umrisse der gemeinen Forelle, in der Absicht die Lage der Schuppen, ihre Grössenverschiedenheiten in den verschiedenen Theilen des Körpers, die Form und Eintheilung der Strahlen, und endlich die genauen Umrisse der Kopfknochen und des Schultergürtels anschaulicher zu machen.

Fig. 2, sind einige leicht vergrösserte Schuppen in ihrer natürlichen Stellung zu und über einander.

Fig. 3, ist ein Strahl der Rückenflosse in vergrössertem Maasstabe, um die Längseintheilung und Quergliederung desselben zu zeigen.

Fig. 4, ist ein vergrösserter Strahl der Schwanzflosse im Profil gesehen, d. h. von der Seite. Fig. 4', zeigt denselben von oben, d. h. vom Rande gesehen, wodurch die Zweitheilung in welcher der letzte Schwanzwirbel eingelenkt ist, anschaulich wird.

Fig. 5, ist ein Strahl der Afterflosse, vergrössert und von der Seite gesehen. Fig. 5', zeigt dessen Basis von hinten.

Fig. 6, ist ein Strahl der linken Bauchflosse, vergrössert und im Profil gesehen.

Fig. 7, endlich ist ein Strahl der linken Brustflosse, vergrössert und ebenfalls im Profil gesehen. Fig. 7', zeigt die Basis desselben von vorne.

English names.

The Trout ; the common Trout ; the river Trout ; the Gillaroo ; the Parr (a young Trout.)

Fig. I represents the outline of the common trout, shewing the position of the scales, and their differences of size in particular parts of the body, the form and the divisions of the rays and the exact outline of the bones of the head and the shoulder bones.

Fig. 2 represents some scales slightly magnified as they are placed adjoining and one above the other.

Fig. 3 is a ray of the dorsal fin magnified shewing its longitudinal divisions and its transversal joints.

Fig. 4 is a ray of the caudal fin, magnified and seen in profile that is to say sideways. Fig. 4' shews the same seen from above that is to say edgeways, which position shews in the best manner the fork by which it is fastened to the last vertebra of the tail.

Fig. 5 is a ray of the anal fin, magnified and seen in profile. Fig. 5' represents its base as seen from behind.

Fig. 6 is a ray of the left ventral fin magnified and seen in profile.

Fig. 7 is a ray of the left pectoral fin magnified and seen in profile. Fig. 7' represents its base as seen from before.

La truite commune.   Die Bach Forelle.   The common trout.

TAB. III[b].

SALMO FARIO Lin.

<hr>

La truite ; la truite commune ; la truite de rivière ; la truite de ruisseau ; la truitelle (jeune.)

La figure supérieure est un jeune de la truite commune de rivière, de grandeur naturelle ; il présente encore très-distinctement les bandes noires transversales qui, dans cette espèce surtout, caractérisent la livrée du jeune âge. On l'a souvent décrite, comme une espèce particulière, sous le nom de Saumoneau (*Salmo salmulus.*) C'est le *Parr* des Anglais. La figure au trait qui est au-dessous, en donne les contours d'en haut.

La figure du milieu représente un individu un peu plus âgé, chez lequel les bandes transversales commencent à disparaître, mais qui n'a pas encore pris la forme cylindracée des adultes. Au moment où les bandes noires disparaissent entièrement, les teintes sont très-claires et les taches rouges très-visibles ; c'est alors le *Salmo punctatus* de Cuvier, ou *Salmo alpinus* de Bloch. La figure au-dessous en donne les contours d'en haut.

Les trois écailles grossies proviennent d'un très-jeune individu ; la supérieure est prise au-dessus de la ligne latérale ; celle du milieu dans cette ligne même, et l'inférieure sur les côtés du ventre.

Les trois figures inférieures de droite représentent, de différens côtés, la tête d'un individu monstrueux, dont la mâchoire supérieure et le crâne sont tronqués.

Die Forelle ; die Bachforelle ; die Flussforelle ; die Bergforelle ; die Steinforelle ; die Waldforelle ; die Goldforelle ; die Weissforelle ; die Schwarzforelle.

Die obere Figur ist eine junge Bachforelle, in natürlicher Grösse. Man sieht noch sehr deutlich die schwarzen Querstreifen, welche, besonders in dieser Species, die jungen Individuen auszeichnen. Diese sind oft als besondere Species unter dem Namen Salmling (*Salmo salmulus*) beschrieben worden. Es ist der *Parr* der Engländer. Unmittelbar darunter sieht man die Umrisse dieses Fisches, von oben.

Die mittlere Figur stellt ein etwas älteres Individuum vor, an welchem die Querstreifen zu verschwinden anfangen ; jedoch hat es noch nicht die cylindrische Gestalt der ausgewachsenen angenommen. Im Augenblicke wo die schwarzen Streifen sich ganz verwischen, ist die Farbe des Fisches sehr hell, und die rothen Flecken werden äusserst grell. Est ist alsdann der *Salmo punctatus* von Cuvier, *Salmo alpinus* von Bloch. Unmittelbar darunter sieht man die Umrisse desselben, von oben.

Die drei vergrösserten Schuppen stammen von einem sehr jungen Individuum her ; die obere lag oberhalb der Seitenlinie ; die mittlere in der Seitenlinie selbst, und die untere an der Bauchgegend.

Die drei unteren Figuren rechts stellen einen monströsen Kopf, von mehreren Seiten gesehen, vor ; der Oberkiefer und der Schädel sind daran verkrüppelt.

The Trout ; the common Trout ; the River-Trout ; the Gillaroo ; the Parr (a young Trout.)

The top figure represents the Parr or common river trout, young (natural size), shewing distinctly the transverse black stripes which in this species are characteristic of its youth. It has been frequently described as a distinct species under the name of Parr (*Salmo salmulus*). The figure below gives its outline as seen from above.

The figure in the middle represents an individual rather older, on which the transvers black stripes begin to disappear, but which has not as yet taken the cylindrical form of the adult. As soon as the black stripes entirely disappear, the colours are very light and the red spots very visible ; it is then the *Salmo punctatus* of Cuvier and *Salmo alpinus* of Bloch. The figure below gives the outline of the fish, as seen from above.

The three magnified scales are taken from an individual very young. The scale figured at the top was taken from above the lateral line ; the one in the middle, on the lateral line ; and the bottom one, from the side of the belly.

The three bottom figures to the right represent different sides of a deformed head, of which the top jaw and the scull are foreshortened.

TAB. IV.

SALMO FARIO L_{IN}.

Noms français.

La truite ; la truite commune ; la truite de rivière ; la truite de ruisseau ; la truitelle (jeune.)

, La figure supérieure représente sous une forme un peu réduite, une variété de la truite commune, que l'on trouve assez fréquemment dans les mêmes lieux que la variété ordinaire, figurée tab. III. Elle est surtout caractérisée par des taches noires plus nombreuses et plus irrégulières, et par des taches rouges également fort nombreuses, d'une teinte très-vive, et dont les plus grosses sont entourées d'une aréole bleue. Les teintes de la partie inférieure du corps sont d'un jaune plus ou moins foncé. Lorsque les taches noires s'entrecroisent de toutes parts, c'est le *Salmo marmoratus* de Cuvier.

La figure inférieure est le *Salmo sylvaticus* de Schrank, qui n'est autre chose que la truite commune, colorée de teintes très-foncées avec très-peu de taches rouges, telle qu'on la trouve dans les rivières fortement ombragées, ou dont le lit est profondément encaissé.

Deutsche Namen.

Die Forelle ; die Bachforelle ; die Flussforelle ; die Bergforelle ; die Steinforelle ; die Waldforelle ; die Goldforelle ; die Weiss-forelle ; die Schwarzforelle.

Die obere Figur stellt in etwas verkleinertem Massstabe eine Varietät der gemeinen Forelle vor, welche man häufig an denselben Orten findet wie die gewöhnliche, auf Taf. III abgebildete, Varietät. Sie zeichnet sich besonders durch ihre zahlreichen schwarzen und unregelmässigen Flecken, so wie auch durch gleich zahlreiche sehr lebhaft rothe Flecken, unter denen die grössten von einem blauen Ringe umgeben sind, aus. Die Färbung der untern Theile des Leibes ist ein mehr oder weniger dunkles Gelb. Wenn die schwarzen Flecken sich über und über kreutzen, so heisst der Fisch *Salmo marmoratus* Cuv.

Die untere Figur ist der *Salmo sylvaticus* von Schrank, d. h. nichts anders als eine gemeine Bachforelle, von sehr dunkler beinahe schwarzer Farbe mit wenigen rothen Flecken, wie man sie in dichtbeschatteten, tiefliegenden Bächen und Flüssen findet.

English names.

The Trout ; the common Trout ; the River-Trout ; the Gillaroo ; the Parr (a young Trout.)

The top figure represents a variety of the common trout (the size a little reduced), which is often found in the same situations as the one figured plate III. It is particularly characterised by having black spots more numerous and more irregular, also the red spots being very numerous and of a very bright colour; the largest are surrounded by a blue circle. The lower part of the body is of a lighter or darker yellow colour. When the black spots cross each other in all directions it is the *Salmo marmoratus* of Cuvier.

The bottom figure represents the *Salmo sylvaticus* of Schrank, which is nothing but the common trout of a very dark colour and very few red spots, such as are found in rivers very shaded or with very high banks.

TAB. IV*b*.

SALMO FARIO Lin.

Noms français.

La truite ; la truite commune ; la truite de rivière ; la truite de ruisseau ; la truitelle (jeune.)

Les variétés de la truite commune, qui sont figurées sur cette planche, avec une légère réduction, présentent des teintes intermédiaires entre celles des planches précédentes, et montrent combien le coloris offre de nuances variées dans une même espèce, suivant les circonstances locales dans lesquelles elle se trouve.

La figure supérieure a à-peu-près la même disposition des taches que la variété ordinaire, figurée tab. III; mais des teintes violettes et bleuâtres dominent l'ensemble du coloris.

La figure inférieure se rapproche au contraire par ses taches de celle du *Salmo sylvaticus* de Schrank (tab. IV, fig. inf.) : seulement les teintes sont moins noires.

Deutsche Namen.

Die Forelle ; die Bachforelle ; die Flussforelle ; die Bergforelle ; die Steinforelle ; die Waldforelle ; die Goldforelle ; die Weissforelle ; die Schwarzforelle.

Die auf dieser Tafel in etwas verkleinertem Maasstabe abgebildeten Varietäten der gewöhnlichen Forelle zeichnen sich durch eine abweichende Färbung aus. Man ersieht daraus wie mannigfaltig diese in einer einzigen Species, je nach den Lokalverhältnissen, sein kann.

In der oberen Figur sind die Flecken beinahe auf dieselbe Weise vertheilt wie in der gewöhnlichen, auf Taf. III abgebildeten Varietät ; nur sind die violetten und blauen Nüancen die vorherrschenden.

Die untere Figur nähert sich dagegen, durch ihre Flecken, dem *Salmo sylvaticus* von Schrank (Taf. IV, untere Fig.) ; die Nüancen sind aber nicht so dunkel.

English names.

The Trout ; the common Trout ; the River-Trout ; the Gillaroo ; the Parr (a young Trout.)

The varieties of the common trout which are figured in this plate (the size slightly reduced) represent the intermediate colours between those of the former plates, and shewing the variety of shades found in the same species, depending upon the locality in which they are found.

The top figure has its spots arranged in nearly the same order as the common trout (plate III), but the violet and blue colours predominate.

The figure below resembles on the contrary by its spots the *Salmo sylvaticus* of Schrank (plate IV, bottom figure) ; only the colours are less black.

TAB. V.

SALMO FARIO Lin.

<table>
<tr>
<td>

Noms français.

La truite; la truite commune; la truite de rivière; la truite de ruisseau; la truitelle (jeune.)

Cette planche représente un vieux mâle de la truite commune, réduit d'un tiers ; il a la tête plus allongée et la mâchoire inférieure de beaucoup plus saillante que les individus moins âgés. Les teintes sont aussi beaucoup plus claires qu'à l'ordinaire ; le jaune, tirant au rouge sur les flancs , domine les autres couleurs.

La figure inférieure représente les contours de ce poisson, vu d'en haut; la figure du milieu montre sa coupe transversale en avant des ventrales.

</td>
<td>

Deutsche Namen.

Die Forelle; die Bachforelle ; die Flussforelle ; die Bergforelle ; die Steinforelle ; die Waldforelle ; die Goldforelle ; die Weissforelle ; die Schwarzforelle.

Diese Tafel zeigt einen alten Milchner der gewöhnlichen Forelle , um einen Drittel verkleinert ; der Kopf ist länger und der Unterkiefer um vieles vorstehender als bei den jüngern Individuen. Die Färbung ist zugleich viel heller als gewöhnlich ; das Gelbe, auf den Seiten ins Rothe übergehend , bildet die Hauptfarbe.

Die untere Figur zeigt die Umrisse des Fisches von unten ; die mittlere Figur gibt einen Querdurchschnitt desselben, oberhalb der Bauchflossen.

</td>
<td>

English names.

The Trout ; the common Trout ; the River-Trout ; the Gillaroo ; the Parr (a young Trout.)

This plate represents an old male common trout, (reduced one third). The head is much larger and the lower jaw much more saillant than in a jounger individual. The colours are also much lighter; the yellow, approaching to red on the sides, predominates over the other colours.

The bottom figure represents the outline of this fish, as seen from above. The middle figure gives a transversal section before the ventral fin.

</td>
</tr>
</table>

TAB. VI.

SALMO TRUTTA Lin.

Noms français.

La Truite saumonée ; la Truite de lac ; la grande Truite.

Les planches VI, VII, VII* et VIII représentent la même espèce.

La planche VI représente une jeune truite saumonée , de moins d'un an, pêchée vers la fin de l'été dans le lac de Neuchâtel. A cet âge la queue est encore très-fourchue.

La figure inférieure donne les contours de ce poisson , vu d'en haut, et la figure du milieu la coupe transversale du corps, en avant des ventrales.

Sur la droite de la planche sont des écailles grossies ; celle d'en haut est prise au-dessus de la ligne latérale ; la suivante, au trait, que l'on voit par dessous, au bas de la planche , est du milieu de la ligne latérale ; la troisième est du côté des parois du ventre.

Les planches VII, VII* et VIII représentent les adultes, mâle et femelle, et différens détails. (Voir l'explication de ces planches.)

Deutsche Namen.

Die Lachsforelle, die Seeforelle.

Tafel VI, VII, VII* und VIII stellen alle vier denselben Fisch dar.

Tafel VI gibt die Abbildung einer noch nicht volljährigen Lachsforelle , zu Ende des Sommers im Neuchâteler-See gefangen. In diesem Alter ist die Schwanzflosse noch stark gabelig.

Die untere Figur zeigt die Umrisse dieses Fisches von oben gesehen und die mittlere Figur den Querdurchschnitt des Leibes vor den Bauchflossen.

Die Figuren rechts stellen vergrösserte Schuppen dar : die obere ist oberhalb der Seitenlinie genommen ; die folgende ist aus der Seitenlinie selbst (die untere Figur gibt den Umriss derselben von unten gesehen) ; die dritte ist von der Bauchwand.

Tafel VII, VII* und VIII stellen alte Männchen und Weibchen dar, und verschiedene Details. (S. die Erklärung dieser Tafeln.)

English names.

The Lake-trout ; the Sea-trout ; the Salmon-trout.

The plates VI, VII, VII* et VIII all represent the same species.

Plate VI represents a young salmon trout less than a year old, taken in the lake of Neuchâtel towards the end of the summer. At that age the tail is still very forked. The bottom figure gives the outline of this fish as seen from above.

The figure in the middle is a transversal section of the body before the ventral fin. To the right of the plate are the scales magnified. The one at the top was taken from above the lateral line. The following one from the middle of the lateral line (the under part is seen by the outline at the bottom of the plate), and the third from the side of the belly.

The plates VII, VII* et VIII represent adults male and female with different details. (See the explanation of these plates.)

TAB. VII.

SALMO TRUTTA Lin.

Noms français.

La Truite saumonée ; la Truite du lac ; la grande Truite.

La planche VII représente un mâle adulte, réduit à plus de la moitié de sa grandeur naturelle, pêché dans la Reuse (près de Neuchâtel) en novembre, pendant la montée.

La figure du milieu donne les contours des mâchoires, lorsque la gueule est ouverte ; et la figure inférieure les contours du poisson vu d'en haut.

Les figures à droite représentent des écailles grossies ; celle du haut est prise au-dessus de la ligne latérale ; la suivante est de la ligne latérale même (on la voit en dessous au trait, au bas de la planche) ; la troisième est du côté du ventre. En comparant ces écailles avec celles de la planche VI, on peut voir combien elles changent avec l'âge.

La planche VIII représente la femelle adulte ; la planche VII* différens détails relatifs à cette espèce, et la planche VI un jeune. (Voir l'explication de ces planches.)

Deutsche Namen.

Die Lachsforelle ; die Seeforelle.

Tafel VII stellt einen alten Milchner dar, um mehr als die Hälfte verkleinert ; er wurde zur Leichzeit, im November, in der Reuse bei Neuchâtel gefangen.

Die mittlere Figur gibt die Umrisse der Kinnladen bei geöffnetem Maule, und die untere Figur die des Fisches von oben gesehen.

Die Figuren rechts sind vergrösserte Schuppen ; die obere ist über der Seitenlinie genommen ; die folgende in der Seitenlinie selbst (man sieht sie zu unterst von der unteren Seite) ; die dritte ist von der Bauchwand. Vergleicht man diese Schuppen mit denen von Taf. VI, so sieht man, wie sehr sie sich mit dem Alter verändern.

Taf. VIII stellt einen alten Roggner ; Taf. VII* verschiedene Details zu dieser Species, und Taf. VI den jüngern Fisch dar. (Siehe die Erklärung dieser Tafeln.)

English names.

The Lake-trout ; the Sea-trout ; the Salmon-trout.

Plate VII represents a male adult, reduced rather more than half its natural size. It was taken in the Reuse (near Neuchâtel) in november, during the spawning season. The figure in the middle gives the outline of the jaws when the mouth is open. The figure at the bottom gives the outline of this fish seen from above.

The figures to the right represent the scales magnified ; the one at the top was taken from above the lateral line, the following one from the lateral line, (the under part of this scale is shown by the outline at the bottom of the plate.) The third is from the side of the belly.

On comparing these scales with those figured plate VI, you see how much they change with the age of the fish.

Plate VIII represents a female adult ; plate VII* different details concerning this species, and plate VI a young one of the same species. (See the explanation of these plates.)

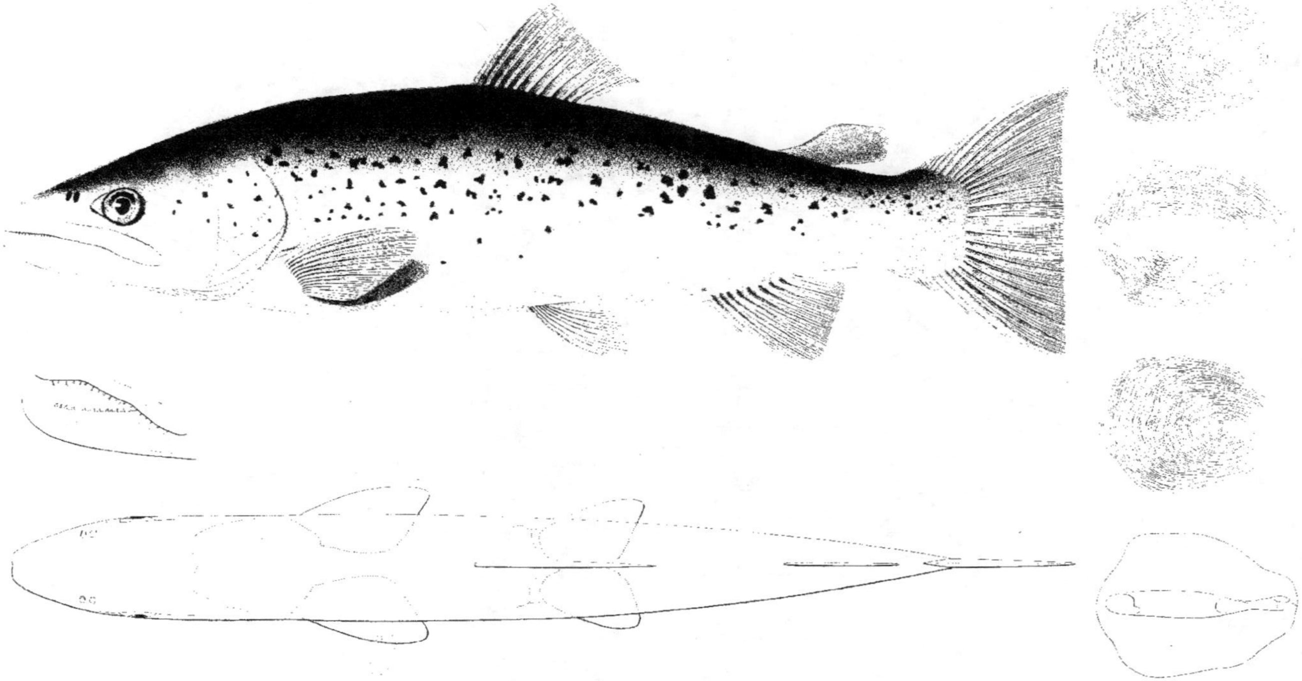

La Truite commune mâle. — Die Lachs-Forelle, Möhtchen. — The Lake Trout males.

TAB. VII^a.

SALMO TRUTTA L_{in}.

Noms français.

La Truite saumonée; la Truite du lac; la grande Truite.

Fig. 1 représente les contours de la Truite saumonée, la forme et la division des rayons des nageoires et les contours des os de la tête et de la ceinture thoracique.

Fig. 2 est un rayon de la dorsale; vu par sa face antérieure en 2'.

Fig. 3 est une écaille grossie prise au-dessous de l'adipeuse. Fig. 3' en est une coupe transversale, pour faire voir la superposition des lames d'accroissement. Fig. 3'' représente une coupe encore plus fortement grossie, où l'on voit que ces lames sont elles-mêmes composées d'un nombre considérable de feuillets plus minces.

Fig. 4 est un rayon de la caudale; vu par sa face supérieure en 4'.

Fig. 5 est un rayon de l'anale; vu par sa face antérieure en 5'.

Fig. 6 est un rayon de la ventrale gauche; vu par sa face antérieure en 6'.

Fig. 7 est un rayon de la pectorale gauche; vu par sa face antérieure en 7'.

Deutsche Namen.

Die Lachsforelle; die Seeforelle.

Fig. 1 zeigt die Umrisse der Lachsforelle, die Lage und Grösse der Schuppen in den verschiedenen Theilen des Körpers, die Form und Eintheilung der Flossenstrahlen und die Gestalt der Kopfknochen und des Schultergürtels.

Fig 2 ist ein Strahl der Rückenflosse; von vorn gesehen bei 2'.

Fig. 3 ist eine vergrösserte Schuppe von der Gegend der Fettflosse. Fig. 3' ist ein Durchschnitt derselben, um die Ueberlagerung der Lamellen zu zeigen. Fig. 3'' ist ein noch stärker vergrösserter Durchschnitt; man sieht daran wie diese Lamellen wiederum aus einer Menge feiner Plättchen zusammengesetzt sind.

Fig. 4 ist ein Strahl der Schwanzflosse; von oben gesehen bei 4'.

Fig. 5 ist ein Strahl der Afterflosse; von vorn gesehen bei 5'.

Fig. 6 ist ein Strahl der Brustflosse; von vorn gesehen bei 7'.

English names.

The Lake-trout; the Sea-trout; the Salmon-trout.

Fig. 1 represents the outline of this fish, shewing the position of the scales, in different parts of the body, the form and the divisions of the fins, and the bones of the head and shoulder.

Fig. 2 is a ray of the dorsal fin; seen from before in fig. 2.

Fig. 3 shews a magnified scale, taken below the fleshy fin; fig. 3' gives the transversal section of it in order to shew the relative position of the plates of growth; fig. 3'' is a still more magnified section where the still thinner component layers of these plates are seen.

Fig. 4 is a ray of the caudal fin; seen from above in fig. 4'.

Fig. 5 is a ray of the anal fin; seen from before in fig. 5.

Fig. 6 is a ray of the left ventral fin; seen from before in fig. 6.

Fig. 7 is a ray of the left pectoral fin; seen from above in fig. 7.

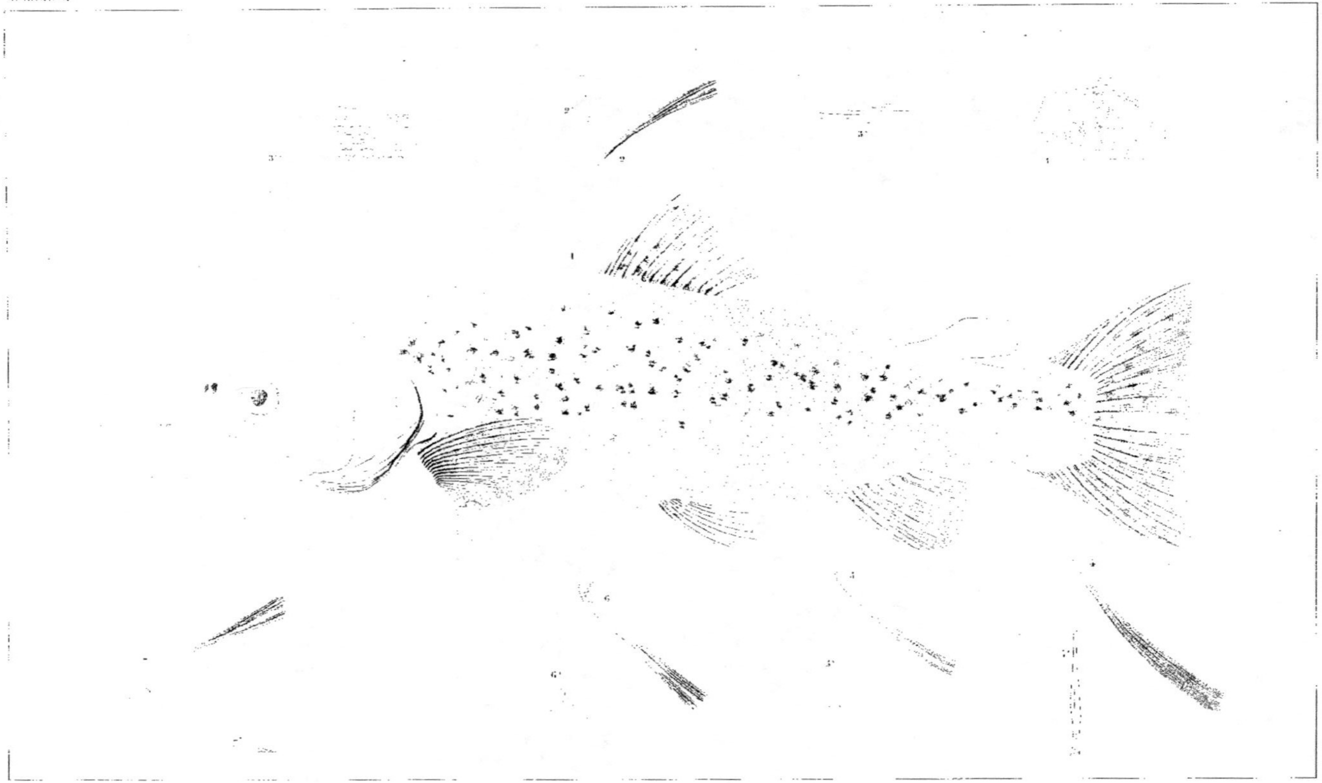

[illegible] (mâle) [illegible] [illegible] (male)

TAB. VIII.

SALMO TRUTTA L_{in.}

La Truite saumonée; la Truite du lac; la grande Truite.

Les planches VI, VII, VII^a et VIII représentent la même espèce.

La planche VIII représente une femelle adulte, réduite à la moitié de sa grandeur naturelle. Elle a été pêchée dans le lac de Genève à l'époque du frais; et comme c'est alors qu'on prend le plus de Truites saumonées, et que toutes sont également grosses et ramassées, il n'est pas surprenant que la Truite du lac de Genève ait été envisagée comme une espèce particulière. Cuvier, dans son *Règne animal*, la décrit en effet sous le nom de *Salmo lemanus*, l'envisageant, à tort selon moi, comme une espèce différente du Salmo Trutta. La petitesse de la nageoire caudale est un trait caractéristique des femelles dans la famille des Truites.

La planche VI représente un jeune, la planche VII un vieux mâle, et la planche VII^a différens détails relatifs à cette espèce. (Voir l'explication de ces planches).

Deutsche Namen.

Die Lachsforelle; die Seeforelle.

Tafel VI, VII, VII^a und VIII stellen sämmtlich dieselbe Art dar.

Tafel VIII ist ein ausgewachsener Roggner, um die Hälfte verkleinert. Er wurde während der Laichzeit im Genfer-See gefangen. Zu dieser Zeit werden die meisten Lachsforellen gefangen, und da alle gleich dick sind, so darf man sich kaum wundern, dass die Forelle des Genfer-Sees von den Naturforschern für eine besondere Art angesehen wurde. Cuvier in seinem *Règne animal*, beschreibt sie in der That als eine eigenthümliche, von Salmo Trutta verschiedene, Species, unter dem Namen *Salmo lemanus*, was ich für unrichtig halte. Die Kleinheit der Schwanzflosse ist ein Hauptkennzeichen der Roggner in der Familie der Forellen.

Tafel VI stellt eine junge Lachsforelle dar; Tafel VII einen alten Milchner, und Tafel VII^c verschiedene auf diese Art bezügliche Details. (Siehe die Auslegung dieser Tafeln).

English names.

The Lake-trout; the Sea-trout; the Salmon-trout.

The Plates VI, VII, VII^a and VIII concern the same fish.

Plate VIII represents a male adult, half of its natural size. It was taken during the spawning season, in the lake of Geneva; almost all of them being at that time (which is the most favorable for fishing) very heavy and having the belly distended, it is easy to conceive how they could be mistaken for a distinct species. Cuvier describes it in his *Règne animal*, under the name of *Salmo lemanus*, believing it falsely to be different from *Salmo Trutta*. The smalness of the caudal fin is no specific character, but distinguishes only the females from the males.

Plate VI represent a young one; Plate VII an old male; and Plate VII^a different details concerning this species. (See the explanation of these plates).

TAB. IX.

SALMO UMBLA L.in.

Noms français.

L'Ombre Chevalier ; l'Ombre ; l'Amble ; la Truite rouge.

Les planches IX, X, X‴ et XI sont relatives à la même espèce.

La planche IX représente des jeunes : la figure supérieure est celle d'un individu qui n'a pas encore pondu ; il fut péché en septembre dans les environs de Salzbourg ; la figure du bas de la planche donne les contours de ce poisson vu d'en haut ; la figure de l'angle droit est sa coupe transversale en avant des ventrales.

La figure du milieu est celle d'une jeune femelle avant la ponte, pêchée dans le lac de Zurich en novembre ; c'est le *Salmo alpinus* de Meidinger.

Les écailles grossies, à droite, proviennent d'un très-jeune exemplaire : celle d'en haut est prise au bord du dos, celle du milieu dans la ligne latérale, et la troisième sur les côtés du ventre.

Les planches X, X‴ et XI représentent un mâle et une femelle adultes et différens détails relatifs à cette espèce. (Voir l'explication de ces planches.)

Deutsche Namen.

Der Salmling ; der Ritter ; die Rothforelle ; das Rötheli (Schweiz) ; der Schwarzreuterl (Œsterreich).

Taf. IX, X, X‴ und XI sind alle vier Abbildungen derselben Forelle.

Taf. IX stellt junge Exemplare dar : die obere Figur ist von einem Fisch der noch nicht geleicht hat ; er wurde im September in der Nähe von Salzburg gefangen. Die untere Figur ist der Umriss desselben von oben gesehen : rechts ist ein Durchschnitt vor den Bauchflossen.

Die mittlere Figur ist von einem jungen Roggner, vor dem Leichen, im Züricher-See, im November gefangen : es ist Meidingers *Salmo alpinus.*

Die vergrösserten Schuppen, zur rechten, rühren von einem sehr jungen Exemplare her : die obere ist vom Rücken, die mittlere von der Seitenlinie, und die dritte von der Bauchseite.

Taf. X, X‴ und XI stellen einen alten Milchner und einen alten Roggner, nebst verschiedenen, auf diese Species bezüglichen Details vor. (Siehe die Erklärung dieser Tafeln.)

English names.

The char ; the red char ; the welsch char.

The plates IX, X, X‴ and XI all represent the same species.

Plate IX represents this species when young : the top figure is an individual which has never spawned ; it was taken in the month of september near Salzbourg. The figure at the bottom of the plate is an outline of the same fish seen from above ; the small outline on the same line is a transversal section of the same fish before the ventral fin.

The figure in the middle is that of a young female before spawning, taken in the month of november in the lake of Zurich ; it is the *Salmo alpinus* of Meidinger.

The magnified scales on the right belong to a very young individual ; the one at the top was taken from the side of the back, the middle one from the lateral line, and the third from the side of the belly.

The plates X, X‴ et XI represent a male and female adult and different details relative to this species. (See the explanation of these plates.)

Salmo Umbla, jenae. Der Schwabspeng? der Charr young?

TAB. X.

SALMO UMBLA Lin.

----•----

Noms français.

L'Ombre Chevalier ; l'Ombre ; l'Amble ; la Truite rouge.

Les Planches IX , X , Xᵃ et XI sont relatives à la même espèce.

La Planche X représente un vieux mâle réduit d'un tiers. Il a été pêché en décembre, à l'époque du frais, dans le lac de Neuchâtel. Ses teintes sont moins vives, mais non moins élégantes que celles des jeunes. Ce qui distingue surtout les vieux mâles, c'est l'aspect charbonné des côtés de la tête et du bas du ventre.

La figure inférieure donne les contours de ce poisson, vu d'en haut. Les trois écailles grossies, à droite de la planche, proviennent de l'exemplaire figuré. Celle d'en haut est prise au bord du dos ; celle du milieu dans la ligne latérale, et la troisième sur les côtés du ventre.

La Planche IX représente des jeunes ; la Planche Xᵃ différens détails relatifs à cette espèce, et la planche XI une femelle adulte. (Voir l'explication de ces planches).

Deutsche Namen.

Der Salmling ; der Ritter ; die Rothforelle ; das Rötheli (Schweiz);
der Schwarzreuterl (OEsterreich.)

Tafel IX , X , Xᵃ und XI beziehen sich sämmtlich auf dieselbe Art.

Tafel X stellt einen alten Milchner, um ein Drittel verkleinert, dar. Er wurde im December, zur Laichzeit, im Neuenburger-See gefangen. Die Farben sind zwar weniger lebhaft, aber nicht minder schön als an den Jungen. Was besonders die alten Milchner auszeichnet, ist das kohlenartige Aussehen an den Seiten des Kopfes und des Bauches.

Die untere Figur giebt die Umrisse dieses Fisches von oben. Die drei vergrösserten Schuppen, rechts von der Hauptfigur, rühren von dem abgebildeten Exemplar her; die obere ist dem Rückenrande, die mittlere der Seitenlinie und die dritte der Bauchseite entnommen.

Tafel IX stellt Jungen von derselben Art, Tafel Xᵃ verschiedene, auf diese Species bezügliche Details, und Tafel XI einen ausgewachsenen Roggner, dar. (Siehe die Erklärung dieser Tafeln).

English names.

The char ; the red char ; the welsch char.

The Plates IX , X , Xᵃ and XI concern the same species.

Plate X represents an old male , one third of its natural size. It was taken in December, in the lake of Neuchâtel, when spawning. The colour is less shining , but not less elegant than in the young specimens. The old male is particularly characterised by the black marks on the side of the head and belly.

The lower figure gives the outline of this fish from above.

The magnified scales on the right were taken from the same specimen : the upper one , from above the lateral line; the middle one, from the lateral line itself ; the third, from the side of the belly.

Plate IX represents young ones. Plate Xᵃ different details concerning this species , and plate XI an old female. (See the explanation of these plates).

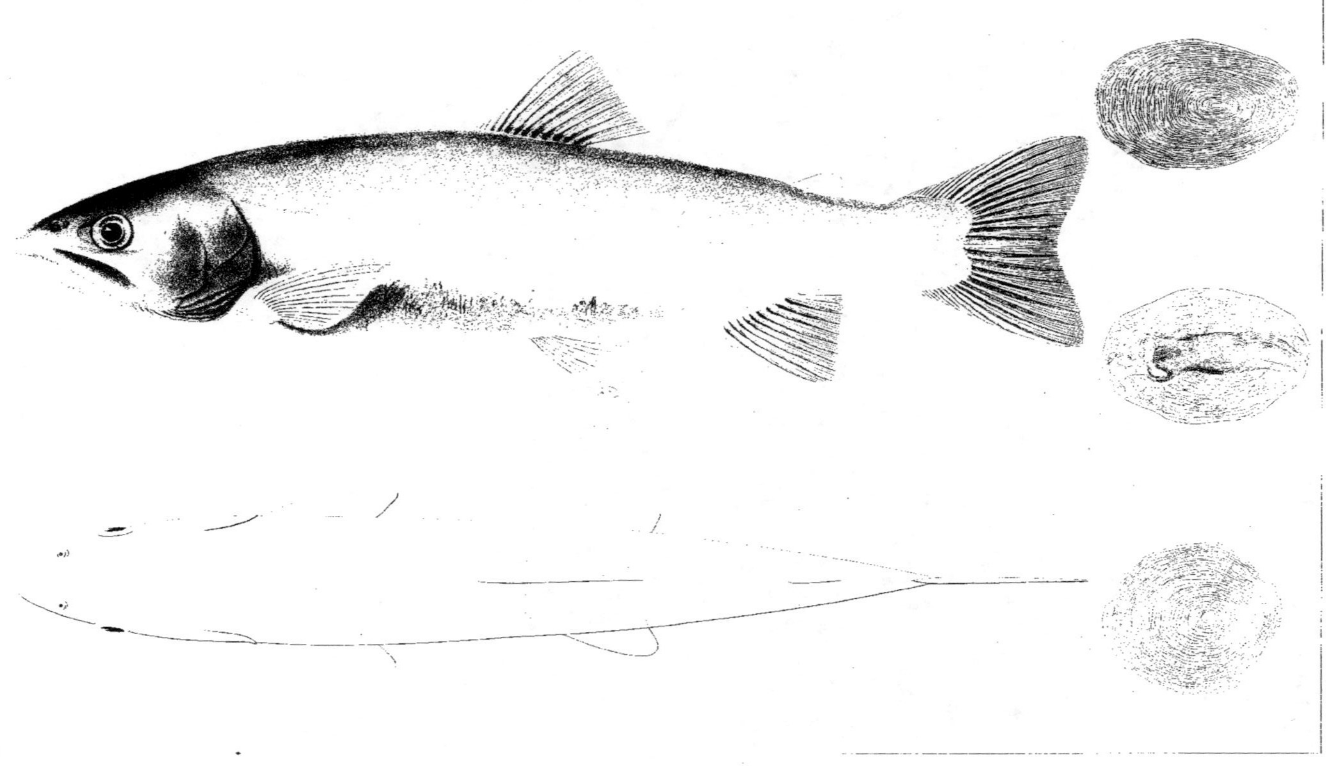

Salmo Umbla mas. Der Schwaling oder Ritterfisch. the Char. males.

TAB. X^a.

SALMO UMBLA L_{in.}

Noms français.

L'Ombre Chevalier ; l'Ombre ; l'Amble ; la Truite rouge.

Fig. 1 est destinée à représenter les contours réduits de ce poisson, la disposition et la grandeur relative des écailles, sur les différens points du corps, la structure de la ligne latérale, la structure des rayons des nageoires et leurs articulations, ainsi que les contours exacts des os de la tête et de la ceinture thoracique.

Fig. 2 est un rayon de la dorsale ; vu par sa face antérieure en 2'.

Fig. 3 représente les écailles qui bordent la ceinture thoracique le long de l'épaule. Fig. 3' représente les écailles qui se trouvent en avant du bord antérieur de la dorsale.

Fig. 4 est un rayon de la caudale ; vu par sa face supérieure en 4'.

Fig. 5 est un rayon de l'anale ; vu par sa face antérieure en 5'.

Fig. 6 est un rayon de la ventrale gauche ; vu par sa face antérieure en 6'.

Fig. 7 est un rayon de la pectorale gauche ; vu par sa face antérieure en 7'.

Deutsche Namen.

Der Salmling ; der Ritter ; die Rothforelle ; das Rötheli (Schweiz) ; der Schwarzreuterl (OEsterreich.)

Fig. 1 zeigt die Lage und verhältnissmässige Grösse der Schuppen an den verschiedenen Theilen des Körpers ; die Structur der Seitenlinie ; die Beschaffenheit der Flossenstrahlen und ihre Gliederung, so wie die Umrisse der Kopfknochen und des Schultergürtels.

Fig. 2 ist ein vergrösserter Strahl der Rückenflosse, von vorn gesehen bei 2'.

Fig. 3 zeigt, in vergrössertem Maassstabe, die Schuppen welche den Schultergürtel begrenzen und fig. 3' die Schuppen, welche am vordern Rande der Rückenflosse sitzen.

Fig. 4 ist ein Strahl der Schwanzflosse ; von oben gesehen bei 4'.

Fig. 5 ist ein Strahl der Afterflosse, von vorn gesehen bei 5'.

Fig. 6 ist ein Strahl der Bauchflosse, von vorn gesehen bei 6'.

Fig. 7 ist ein Strahl der Brustflosse, von vorn gesehen bei 7'.

English names.

The char ; the red char ; the welsch char.

Fig. 1 shews, in a reduced size, the outline of this fish, the position and size of the scales, in different parts of the body, the structure of the lateral line, the rays of the fins, and their articulations, as well as the exact outline of the head and shoulder-bones.

Fig. 2 is a ray of the dorsal fin ; seen from before in fig. 2'.

Fig. 3 represents the scales bordering the shoulder-bones, a little magnified ; fig. 3' shews the scales on the foremargin of the dorsal fin.

Fig. 4 is a ray of the caudal fin ; seen from above in fig. 4'.

Fig. 5 is a ray of the anal fin ; seen from before in fig. 5'.

Fig. 6 is a ray of the left ventral fin ; seen from before in fig. 6'.

Fig. 7 is a ray of the pectoral fin ; seen from before in fig. 7'.

TAB. XI.

SALMO UMBLA L_{in}.

Noms français.

L'Ombre Chevalier ; l'Ombre ; l'Amble ; la Truite rouge.

Les Planches IX, X, X^a et XI sont relatives à la même espèce.

La Planche XI représente une femelle adulte, pêchée dans le lac de Neuchâtel, en décembre, à l'époque du frais. Ses dimensions naturelles sont ici réduites d'un tiers. Les teintes sont bien moins brillantes que celles du mâle ; comme dans la Truite saumonée, la caudale est sensiblement plus petite. La grande largeur du tronc provient du développement des œufs qu'elle porte.

La figure inférieure donne les contours du plus grand des poissons de Tab. IX, vu d'en-haut. Au dessus de la queue se trouve sa coupe transversale en avant des ventrales.

Les deux petites écailles grossies à droite de la planche appartiennent également au poisson de Tab. IX et proviennent de la ligne latérale. Les deux grandes écailles appartiennent à la femelle de la planche ci-jointe.

Deutsche Namen.

Der Salmling ; der Ritter ; die Rothforelle ; das Rötheli (Schweiz) ; der Schwarzreuterl (OEsterreich).

Tafel IX, X, X^a und XI beziehen sich sämmtlich auf dieselbe Art.

Tafel XI stellt einen ausgewachsenen Roggner dar, welcher zur Laichzeit, im December, im Neuchâteler-See gefangen wurde. Die Abbildung ist um ein Drittel verkleinert. Die Farben sind nicht so glänzend als beim Milchner, und die Schwanzflosse ist, wie bei der Lachsforelle, kleiner. Die ungewöhnliche Breite des Rumpfes rührt von der Entwickelung der Eier, im Bauche, her.

Die untere Figur zeigt die Umrisse des grösseren Fisches von Tafel IX, von oben. Oberhalb dem Schwanze ist ein Durchschnitt desselben aus der Gegend der Bauchflossen.

Die zwei kleineren vergrösserten Schuppen rechts gehören demselben Fische, von Tafel IX, an ; sie sind der Seitenlinie entnommen. Die zwei grösseren rühren von dem hier abgebildeten Roggner her.

English names.

The char ; the red char ; the wrisch char.

The Plates IX, X, X^a and XI concern the same species.

Plate XI represents an old female, taken in the lake of Neuchâtel, in the spawning season, reduced one third of its natural size. The colour is paler than in the male, and the caudal fin, like that of the See-Trout, is a great deal smaller. The considerable thickness of the body arises from the increase of the eggs in the belly.

The lower figure gives the outline of the larger fish of Plate IX, from above. Near the tail is the transversal section of it, taken from before the ventral fin.

The two smaller magnified scales on the right belong also to the same fish of Plate IX and were taken in the lateral line. The two larger magnified scales belong to the old female figured in this plate.

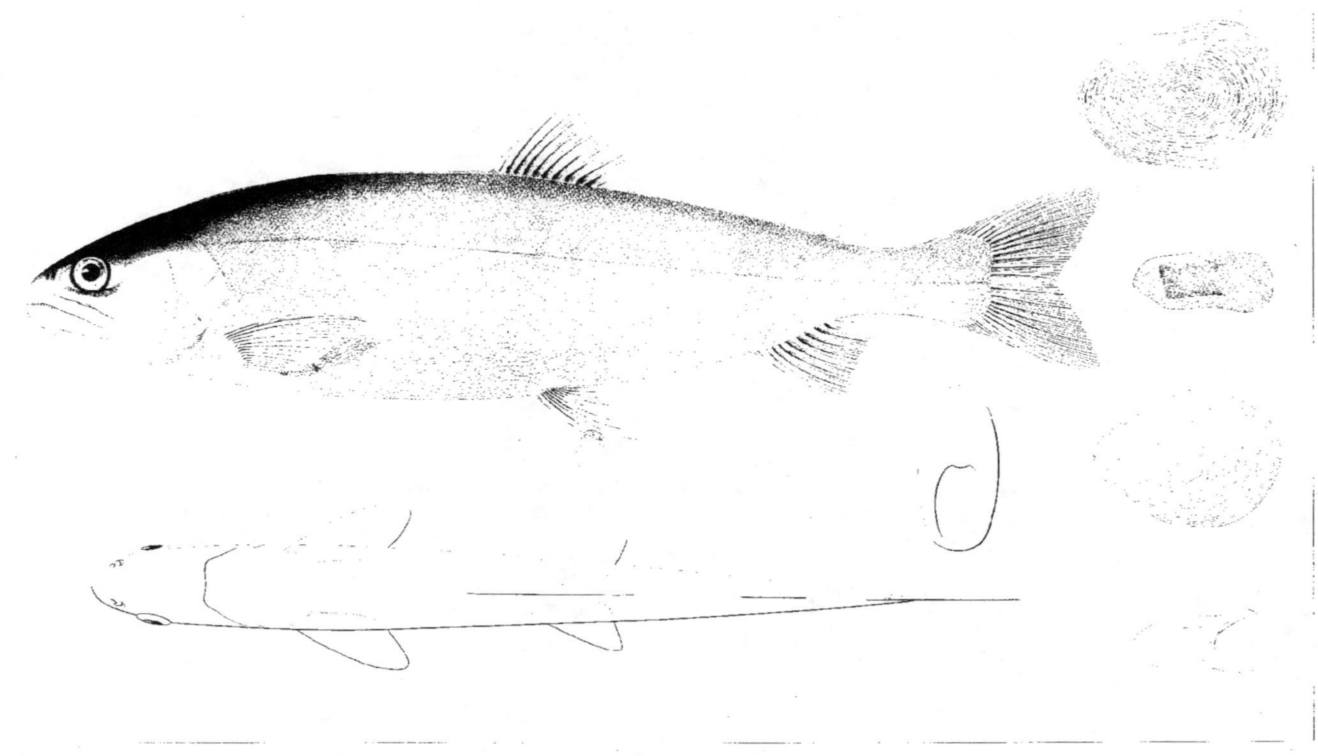

TAB. XII.

SALMO HUCHO L_{inn}.

Noms français.

Le Huchen du Danube.

Les Planches XII, XIII et XIII^a représentent le même poisson.

La Planche XII représente un jeune individu de cette espèce, de grandeur naturelle. Les bandes transversales foncées que l'on observe sur les jeunes des autres espèces de Salmones existent également sur le jeune Huchen; mais à mesure qu'il grandit, elles se transforment en taches isolées, plus ou moins irrégulières, qui, chez les vieux, n'existent plus que sur le dos.

La figure du bas représente les contours de ce poisson vu d'en haut; à gauche l'on voit sa coupe transversale, prise en avant de la dorsale.

Les écailles grossies à droite proviennent: la première du milieu du dos, la seconde des côtés du dos, la troisième de la ligne latérale, et la quatrième des côtés du ventre.

La Planche XIII représente un mâle adulte, et la planche XIII^a différens détails relatifs à cette espèce. (Voir l'explication de ces planches.)

Deutsche Namen.

Der Huchen.

Tafel XII, XIII und XIII^a beziehen sich alle auf denselben Fisch.

Tafel XII stellt ein junges Individuum, in natürlicher Grösse, dar. Dieselben dunkeln Querstreifen, welche man an den Jungen der andern Salmen-Arten bemerkt, finden sich auch am jungen Huchen. Jedoch mit zunehmendem Alter, verwandeln sich diese Streifen in einzelne, mehr oder weniger unregelmässige Flecken, welche, bei den Alten, nur noch am Rücken vorhanden sind.

Die untere Figur giebt die Umrisse des Fisches von oben; links sieht man den Durchschnitt desselben, vor den Bauchflossen.

Die vergrösserten Schuppen rechts gehören den verschiedenen Gegenden des Rumpfes an; die erste ist der Mitte des Rückens, die zweite den Seiten des Rückens, die dritte der Seitenlinie und die vierte den Seiten des Bauchs entnommen.

Tafel XIII stellt einen alten Milchner und Tafel XIII^a verschiedene auf diese Species bezügliche Details dar. (Siehe die Erklärung dieser Tafeln).

English names.

The Huchen of the Danube.

The Plates XII, XIII and XIII^a concern the same species.

Plate XII represents a young individual of that species, natural size. The transversal stripes, which are seen in the young specimens of other Salmonidæ, occur also in the young Huchen; but as it grows larger, they disappear and irregular spots only remain and become less frequent on the back of old ones.

The lower figure gives the outline of the fish from above. The transversal section on the right is taken before the dorsal fin.

The upper magnified scale is from the middle of the back; the following from above the lateral line; the third from the lateral line itself; and the fourth from the side of the belly.

Plate XIII represents the old male, and plate XIII^a different details concerning this species. (See the explanation of these plates).

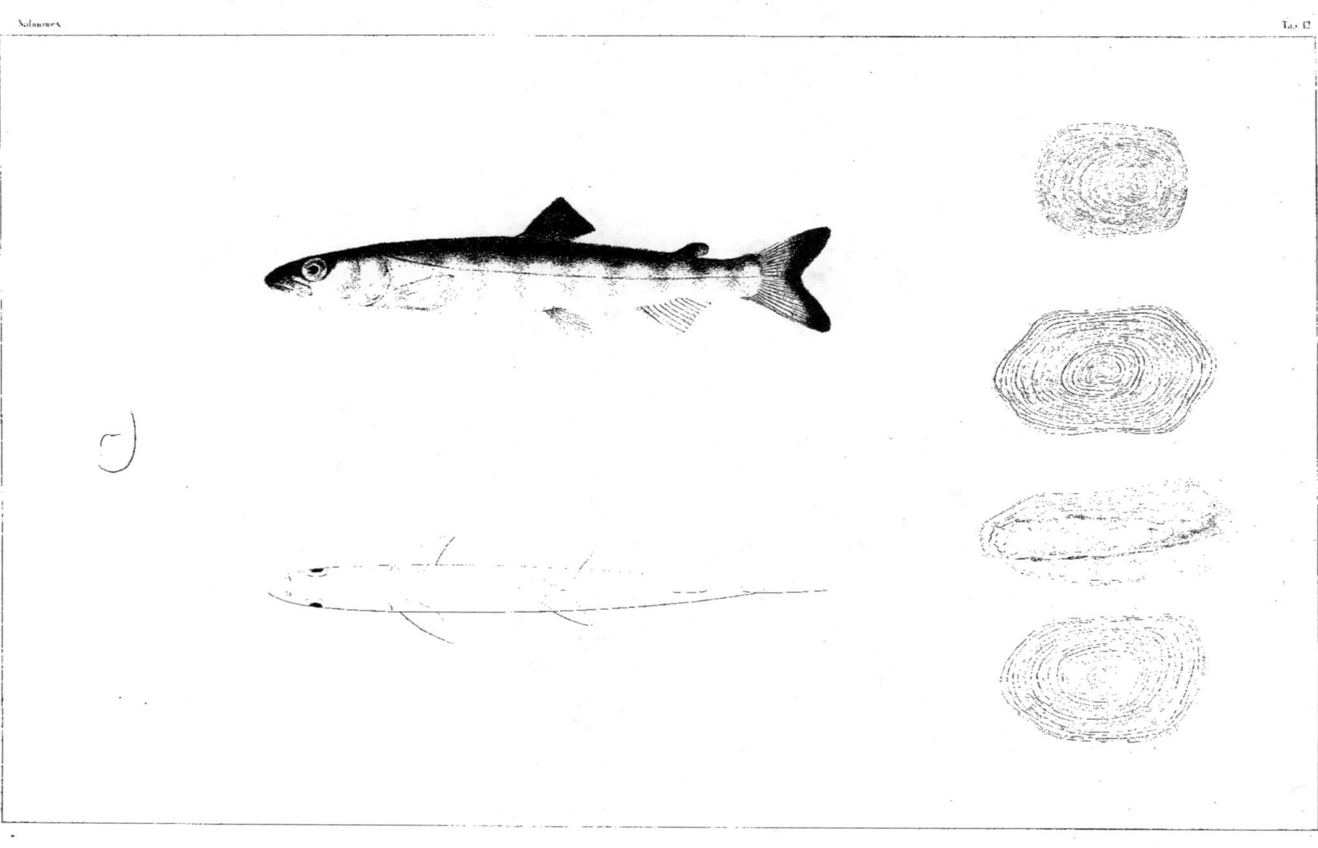

TAB. XIII.

SALMO HUCHO L_{in}.

Noms français.

Le Huchen du Danube.

Les Planches XII, XIII et XIII^a représentent la même espèce.

La Planche XIII représente un vieux mâle réduit de moitié. A cet âge on n'observe plus qu'un petit nombre de taches noires sur les côtés du dos ; elles se détachent d'un fond grisâtre, tirant au violet. Les flancs sont fortement argentés.

La forme cylindracée de cette espèce est très-caractéristique.

La figure du bas indique les contours de ce poisson vu d'en haut. Au milieu, sur la droite, est sa coupe transversale prise au bord antérieur de la dorsale.

La Planche XII représente un jeune, et la planche XIII^a divers détails relatifs à cette espèce. (Voir l'explication de ces planches).

Deutsche Namen.

Der Huchen.

Tafel XII, XIII und XIII^a beziehen sich sämmtlich auf dieselbe Fisch-Art.

Tafel XIII zeigt einen alten Milchner in halber natürlicher Grösse. In diesem Alter sind nur noch wenige schwarze Flecken, auf grünlich violettem Grunde, an den Seiten des Rückens vorhanden. Die Seiten des Rumpfes sind stark versilbert.

Die cylindrische Form ist ein Hauptcharakter dieser Art.

Die untere Figur gibt die Umrisse dieses Fisches von oben. Rechts befindet sich ein Querdurchschnitt desselben aus der Gegend unmittelbar vor der Rückenflosse.

Tafel XII stellt ein junges Individuum, und Taf. XIII^a verschiedene auf diese Species bezügliche Details dar. (Siehe die Auslegung dieser Tafeln).

English names.

The Huchen of the Danube.

The plates XII, XIII and XIII^a concern the same species.

Plate XIII represents an old male, half of its natural size, when only a few black spots remain on the side of the back, which is grayish and shining purple. The sides are almost silvery.

The almost cylindrical form of the body is a striking character of this species.

The lower figure gives the outline of this fish from above.

The transversal section on the right was taken before the dorsal fin.

Plate XII represents a young one, and plate XIII^a different details concerning this species. (See the explanation of these plates).

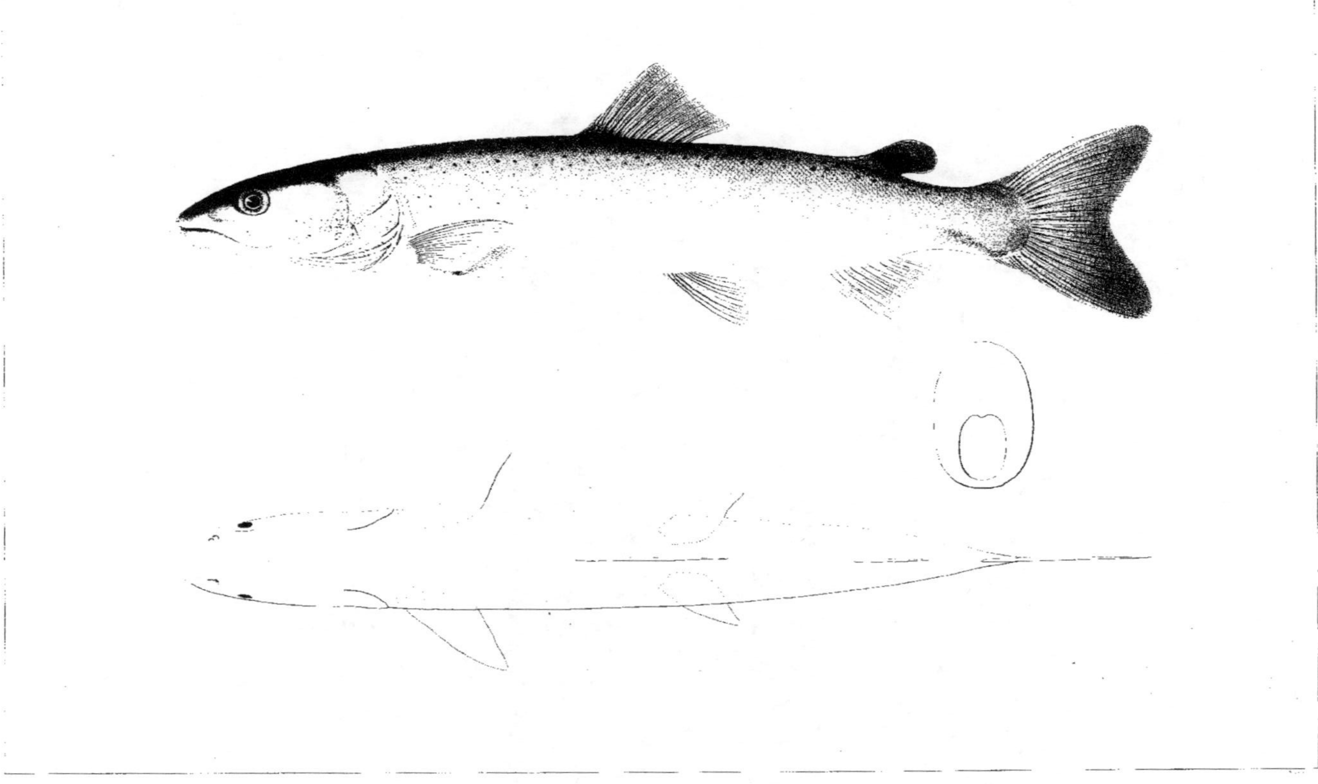

TAB. XIII.

SALMO HUCHO Lin.

Noms français.

Le Huchen du Danube.

Fig. 1 est destinée à représenter les contours réduits de ce poisson, la disposition et la grandeur relative des écailles sur les différens points du corps, la structure de la ligne latérale, la structure des rayons des nageoires et leurs articulations, ainsi que les contours exacts des os de la tête et de la ceinture thoracique.

Fig. 2 est un rayon de la dorsale; vu par sa face antérieure en 2'.

Fig. 3 est une écaille grossie, prise à l'extrémité de la queue; la fig. 3' en est une portion très-fortement grossie, destinée à faire ressortir les bords des lames d'accroissement et leur superposition.

Fig. 3'' représente, sous un faible grossissement, un groupe d'écailles, dans leur superposition naturelle, prises au-dessous de la dorsale.

Fig. 3''' est une écaille de la ligne latérale, sous un très-fort grossissement, montrant la forme du canal par lequel suinte la mucosité qui enduit le corps.

Fig. 4 est un rayon de la caudale; vu par sa face supérieure en 4'.

Fig. 5 est un rayon de l'anale; vu par sa face antérieure en 5'.

Fig. 6 est un rayon de la ventrale gauche; vu par sa face antérieure en 6'.

Fig. 7 est un rayon de la pectorale gauche; vu par sa face antérieure en 7'.

Deutsche Namen.

Der Huchen.

Fig. 1 zeigt die Lage und verhältnissmässige Grösse der Schuppen an den verschiedenen Theilen des Körpers, die Structur der Seitenlinie, die Beschaffenheit der Flossenstrahlen und ihre Gliederung, so wie die Umrisse der Kopfknochen und des Schultergürtels.

Fig. 2 ist ein Strahl der Rückenflosse; von vorne gesehen bei 2'.

Fig. 3 ist eine vergrösserte Schuppe aus dem hintern Ende des Rumpfes; bei 3' ist ein Ausschnitt derselben, unter einer viel stärkeren Vergrösserung, um die Ueberlagerung der Lamellen zu zeigen.

Auf Fig. 3'' sind einige vergrösserte Schuppen aus der Gegend unterhalb der Rückenflosse, abgebildet, um die natürliche Ueberlagerung derselben anschaulich zu machen.

Fig. 3''' ist eine stark vergrösserte Schuppe aus der Seitenlinie; man sieht die genaue Gestalt des Schleimaussonderungs-Kanals.

Fig. 4 ist ein Strahl der Schwanzflosse; von oben gesehen bei 4'.

Fig. 5 ist ein Strahl der Afterflosse; von vorn gesehen bei 5'.

Fig. 6 ist ein Strahl der Bauchflosse; von vorn gesehen bei 6'.

Fig. 7 ist ein Strahl der Brustflosse; von vorn gesehen bei 7'.

English names.

The Huchen of the Danube.

Fig. 1 shews, in a reduced size, the outline of this fish, the position and size of the scales in different parts of the body, the structure of the lateral line, the rays of the fins and their articulations, as well as the exact outline of the head and shoulder-bones.

Fig. 2 is a ray of the dorsal fin; seen from before in fig. 2'.

Fig. 3 is a magnified scale, taken near the end of the tail; fig. 3' is a still higher magnified part of it, in order to shew the edges of its plates of growth and their relative position.

Fig. 3'' represents several magnified scales in their natural position, taken below the dorsal fin.

Fig. 3''' is a highly magnified scale of the lateral line, shewing the form of the canal, through which the mucus covering the body, takes his way.

Fig. 4 is a ray of the caudal fin; seen from above in fig. 4'.

Fig. 5 is a ray of the anal fin; seen from before in fig. 5'.

Fig. 6 is a ray of the left ventral fin; seen from before in fig. 6'.

TAB. XIV.

SALMO LACUSTRIS L.

Noms français.

Le Saumon argenté.

Les Planches XIV, XV et XV^a concernent la même espèce.

La Planche XIV représente un jeune individu de cette espèce, pêché en décembre, dans le lac de Constance. Ses dimensions sont un peu réduites. Les jeunes se distinguent des vieux par le grand nombre de taches dont ils sont couverts. Bloch décrit ce poisson sous le nom de *Salmo Schiffermülleri*.

La figure inférieure indique les contours de ce poisson, vu d'en haut; la figure médiane est une coupe transversale, prise en avant de la dorsale. A droite se trouvent des écailles fortement grossies d'un individu adulte; celle du haut est prise au-dessus de la ligne latérale; celle du milieu, dans la ligne latérale elle-même; la troisième sur les côtés du ventre.

La Planche XV représente un vieux mâle et la planche XV^a différens détails concernant cette espèce. (Voir l'explication de ces planches).

Deutsche Namen.

Der Silberlachs; der Rheinlanke; der Illanke; die Grundforelle.

Tafel XIV, XV und XV^a beziehen sich sämmtlich auf denselben Fisch.

Auf Tafel XIV ist ein junges Individuum dieser Species, in etwas verkleinertem Maasstabe, abgebildet. Es wurde im December, im Bodensee gefangen. Die Jungen sind von den alten durch eine grössere Menge Flecken unterschieden. Bloch beschreibt diesen Fisch unter dem Namen *Salmo Schiffermülleri*.

Die untere Figur giebt die Umrisse desselben, von oben gesehen, an; die mittlere Figur ist ein Querdurchschnitt, vor der Rückenflosse. Rechts sieht man vergrösserte Schuppen eines erwachsenen Individuums; die obere ist oberhalb der Seitenlinie, die mittlere der Seitenlinie selbst, und die untere der Bauchseite entnommen.

Tafel XV stellt einen alten Milchner und Tafel XV^a verschiedene auf diese Species bezügliche Details dar. (Siehe die Erklärung dieser Tafeln).

English names.

The Silver-Trout.

The plates XIV, XV and XV^a concern the same species.

Plate XIV represents a young individual of that species, the size a little reduced, taken in December, in the lake of Constance.

The young ones differ from the old ones by the great number of black spots spread over the back and sides. Bloch has described this fish under the name of *Salmo Schiffermülleri*.

The under figure gives the outline from above; the middle figure is a transversal section taken before the dorsal fin. The magnified scales on the right were taken from an old specimen: the upper one, over the lateral line; the middle one, out of the lateral line itself; the third from the sides of the belly.

Plate XV represents an old male, and Plate XV^a different details relative to that species. (See the explanation of these plates).

TAB. XV.

SALMO LACUSTRIS Lin.

Le Saumon argenté.

Les Planches XIV, XV et XVᵉ, sont relatives à la même espèce.

La Planche XV représente un vieux mâle pêché en décembre, dans le lac de Constance. Les naturalistes suisses l'ont décrit sous le nom de *Salmo Illanca*. Le petit nombre de taches réparties sur les côtés du dos caractérisent l'âge adulte. L'exemplaire figuré est réduit d'un tiers.

La caudale, constamment fourchue, distingue en tous temps cette espèce du *Salmo Trutta*. Ses écailles sont formées d'un plus grand nombre de feuillets, que dans l'espèce citée.

La figure inférieure représente les contours de ce poisson, vu d'en-haut.

La Planche XIV représente un jeune; la planche XVᵃ différens détails relatifs à cette espèce. (Voir l'explication de ces planches).

Der Silberlachs; der Rheinlanke; der Illanke; die Grundforelle.

Tafel XIV, XV und XVᵃ stellen denselben Fisch dar.

Tafel XV ist ein alter Milchner, gefangen in December, im Bodensee. Die geringe Anzahl von Flecken auf beiden Seiten des Rückens bezeichnen das erwachsene Alter. Die Schweizer Naturforscher haben diesen Fisch unter dem Namen *Salmo Illanca* beschrieben. Das abgebildete Exemplar ist um ein Drittel verkleinert.

Durch die ausgezackte Schwanzflosse unterscheidet sich dieser Fisch stets von *Salmo Trutta*. Seine Schuppen sind ausserdem aus einer grösseren Anzahl Lamellen zusammengesetzt, als bei der eben genannten Art.

Die untere Figur gibt die Umrisse des Fisches von oben an.

Tafel XIV stellt einen Jungen dar; Tafel XVᵃ verschiedene auf diese Species bezügliche Details. (Siehe die Erklärung dieser Tafeln).

The Silver-Trout.

The plates XIV, XV and XVᵃ concern the same species.

Plate XV represents an old male taken in December in the lake of Constance. The few spots on the sides of the back, are characteristic of that age. The specimen figured is reduced one third of its natural length. It has been described by the swiss naturalists under the name of *Salmo Illanca*.

The caudal fin is constantly forked, a character which distinguishes this species, in every instance, from the *Salmo Trutta*. The scales are formed by a greater number of Lamellæ than those of the last named species.

The lower figure represents the outline of the fish from above.

Plate XIV represents a young one; plate XVᵃ different details concerning that species. (See the explanation of these plates).

TAB. XV*a*.

SALMO LACUSTRIS L*in*.

Noms français.

Le Saumon argenté.

Fig. 1 est destinée à représenter les contours réduits de ce poisson, la disposition et la grandeur relative des écailles sur les différens points du corps, la structure de la ligne latérale, la structure des rayons des nageoires et leurs articulations, ainsi que les contours exacts des os de la tête et de la ceinture thoracique.

Fig. 2 est un rayon de la dorsale; vu par sa face antérieure en 2'.

Fig. 3 représente un groupe d'écailles grossies, du milieu de la ligne latérale; fig. 3', la disposition des petites écailles qui recouvrent la base de la caudale; elles sont également grossies.

Fig. 4 est un rayon de la caudale; vu par sa face supérieure en 4'.

Fig. 5 est un rayon de l'anale; vu par sa face antérieure en 5'.

Fig. 6 est un rayon de la ventrale gauche; vu par sa face antérieure en 6'.

Fig. 7 est un rayon de la pectorale gauche; vu par sa face antérieure en 7'.

Deutsche Namen.

Der Silberlachs; der Rheinlanke; der Illanke; die Grundforelle.

Fig. 1 zeigt die Lage und verhältnissmässige Grösse der Schuppen an den verschiedenen Theilen des Körpers, die Struktur der Seitenlinie, die Beschaffenheit der Flossenstrahlen und ihre Gliederung, so wie die Umrisse der Kopfknochen und des Schultergürtels.

Fig. 2 ist ein Strahl der Rückenflosse; von vorn gesehen bei 2'.

Fig. 3 zeigt einige vergrösserte Schuppen aus der Seitenlinie, in ihrer natürlichen Ueberlagerung. Fig. 3' sind die kleineren Schuppen welche die Basis der Schwanzflosse bedecken, ebenfalls vergrössert.

Fig. 4 ist ein Strahl der Schwanzflosse; von oben gesehen bei 4'.

Fig. 5 ist ein Strahl der Afterflosse; von vorn gesehen bei 5'.

Fig. 6 ist ein Strahl der Bauchflosse; von vorn gesehen bei 6'.

Fig. 7 ist ein Strahl der Brustflosse; von vorn gesehen bei 7'.

English names.

The Silver-Trout.

Fig. 1 shews, in a reduced size, the outline of this fish, the position and size of the scales in different parts of the body, the structure of the lateral line, the rays of the fins and their articulations, as well as the exact outline of the head and shoulder-bones.

Fig. 2 is a ray of the dorsal fin; seen from before in fig. 2'.

Fig. 3 represents several magnified scales around the lateral line, in the middle of the body; fig. 3 shews the position of the minute scales covering the base of the caudal fin; in a magnified scale.

Fig. 4 is a ray of the caudal fin; seen from above in fig. 4'.

Fig. 5 is a ray of the anal fin; seen from before in fig. 5'.

Fig. 6 is a ray of the left ventral fin; seen from before in fig. 6'.

Fig. 7 is a ray of the left pectoral fin; seen from before in fig. 7'.

THYMALLUS VEXILLIFER Agass.

Noms français.	**Deutsche Namen.**	**English names.**

L'ombre commune; l'ombre d'Auvergne. / *Die Aesche.* / *The Grayling.*

<table>
<tr><td>

Noms français.

L'ombre commune; l'ombre d'Auvergne.

Les Planches XVI, XVII et XVII[a] concernent le même poisson; c'est le *Salmo Thymallus* de Linné.

La Planche XVI représente une jeune femelle pêchée en septembre, peu de temps avant l'époque du frais. A cette époque, les teintes ne sont pas encore aussi brillantes que plus tard. Les vieux mâles surtout revêtent un habit de noce beaucoup plus brillant.

La figure inférieure représente les contours du poisson vu d'en haut. Sa coupe transversale est prise en avant des ventrales, par le milieu de la dorsale. Les écailles grossies, à droite, proviennent: la première, du côté du dos; la seconde, de la ligne latérale, (au-dessous on voit les contours de la face inférieure de cette écaille, au trait); la troisième est prise sur les côtés du ventre.

La Planche XVII représente un vieux mâle à l'époque du frais; la planche XVII[a] différens détails relatifs à cette espèce. (Voir l'explication de ces planches).

</td><td>

Deutsche Namen.

Die Aesche.

Tafel XVI, XVII und XVII[a] beziehen sich auf dieselbe Species, den *Salmo Thymallus* L.

Tafel XVI ist ein junger Roggner, im September, kurz vor der Laichzeit gefangen. Zu dieser Zeit haben die Farben noch nicht den Glanz den sie später erlangen. Besonders reich an Farben sind die alten Milchner.

Die untere Figur giebt die Umrisse des Fisches, von oben, an. Der Durchschnitt daneben ist vor den Bauchflossen, durch die Mitte der Rückenflosse, genommen. Von den vergrösserten Schuppen rechts, gehört die obere der Rückenseite an, die zweite der Seitenlinie (darunter sind die Umrisse derselben von der unteren Seite angegeben), und die dritte der Bauchseite.

Tafel XVII stellt einen alten Milchner zur Laichzeit dar; Tafel XVII[a] verschiedene auf diese Species bezügliche Details. (Siehe die Erklärung dieser Tafeln).

</td><td>

English names.

The Grayling.

The Plates XVI, XVII, and XVII[a] concern the same fish, viz. the *Salmo Thymallus* Lin.

Plate XVI represents a young female taken in September, not very long before spawning. At that time the colour is not so brilliant as later. The old males are especially the most brilliant in the spawning season.

The lower figure gives the outline of the fish from above; its transversal section was made before the ventral fins, through the middle of the dorsal fin.

The magnified scales on the right are taken: the upper one from above the lateral line; the middle one out of the lateral line itself, (below, is the outline of the under surface of this scale); the third from the side of the belly.

Plate XVII represents an old male in the spawning season and Plate XVII[a] different details concerning this species. (See the explanation of these plates).

</td></tr>
</table>

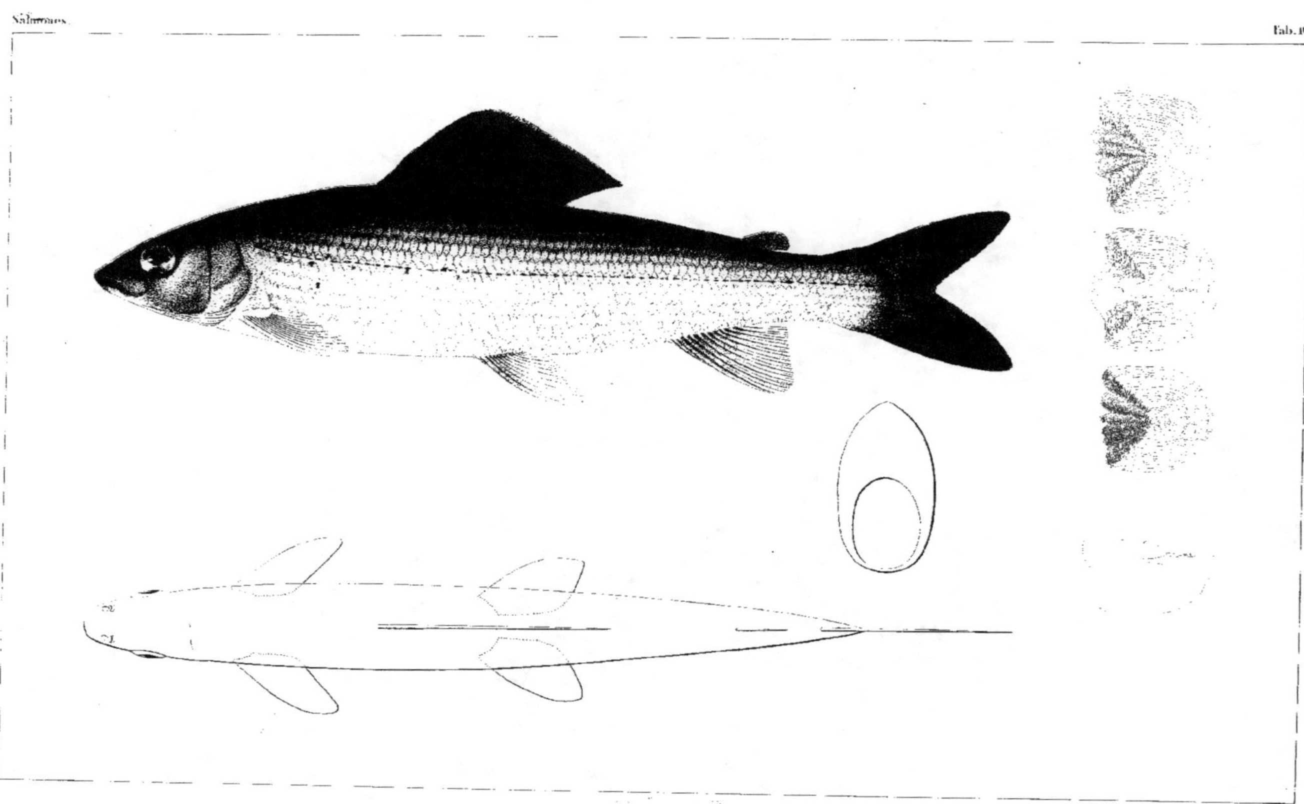

l'Ombre commun (femelle) ;   Der Äsche (♀ Rogner) ;   the Grayling (♀ female)

THYMALLUS VEXILLIFER Agass.

Noms français.	**Deutsche Namen.**	**English names.**
L'ombre commune ; l'ombre d'Auvergne.	*Die Aesche.*	*The Grayling.*

Les Planches XVI, XVII et XVII^a sont relatives à la même espèce.

La Planche XVII représente un vieux mâle pêché à l'époque du frais et brillant de couleurs très-vives. Ces teintes ne se maintiennent cependant pas long-temps ; tôt après la ponte elles pâlissent, pour faire place à une teinte cendrée. Les nageoires alors deviennent transparentes ; la dorsale seule conserve ses taches, mais pâlies.

La figure inférieure donne les contours de ce poisson vu d'en haut.

La Planche XVI représente une jeune femelle ; la planche XVII^a différens détails relatifs à cette espèce. (Voir l'explication de ces planches).

Tafel XVI, XVII und XVII^a beziehen sich auf dieselbe Species.

Tafel XVII ist ein alter Milchner, zur Laichzeit gefangen. Die Farben sind äusserst schimmernd ; indess bleichen sie bald nach dem Laichen ; der Fisch nimmt alsdann eine aschgraue Färbung an, und die Flossen werden durchsichtig ; die Rückenflosse allein behält ihre Flecken bei ; sie sind aber blässer.

Die untere Figur giebt die Umrisse dieses Fisches, von oben gesehen, an.

Tafel XVI stellt einen jungen Roggner, und Tafel XVII^a verschiedene auf diese Species bezügliche Details dar. (Siehe die Erklärung dieser Tafeln).

The Plates XVI, XVII and XVII^a concern the same fish.

Plate XVII represents an old male taken in the spawning season, with very bright colours. This appearence remains but a short time ; soon after spawning they are paler ; the chief colour becomes grayish, the fins transparent, the dorsal only preserving its spots, but less shining.

The lower figure gives the outline of the fish from above.

Plate XVI represents a young female, Plate XVII^a different details concerning that species. (See the explanation of these plates).

THYMALLUS VEXILLIFER Agass.

Noms français.	**Deutsche Namen.**	**English names.**

L'ombre commune; l'ombre d'Auvergne.   *Die Aesche.*   *The Grayling.*

Fig. 1 représente la forme et la position des écailles sur les différentes parties du corps; la forme et la division des nageoires et le nombre de leurs rayons; les contours précis des os de la tête et de la ceinture thoracique, et la position de la ligne latérale.

Fig. 2 montre un rayon grossi de la dorsale. Fig 2' représente le même rayon vu par sa face antérieure. Fig. 2'' est une portion du même rayon sous un grossissement beaucoup plus fort, afin de faire ressortir l'articulation des différentes pièces dont chaque rayon est composé.

Fig. 3 représente la position des écailles autour de la ligne latérale, avec les séries de petits points qui sont alignés entre elles.

Fig. 4 est un rayon de la caudale; fig. 4' le représente en face.

Fig. 5 représente, sous un très-fort grossissement, l'une des petites écailles qui recouvrent les bords de la caudale.

Fig. 6 est un rayon de l'anale, dont les articulations sont représentées grossies en fig. 6'. Fig. 6'' en représente la base, vue par la face antérieure.

Fig. 7 est un rayon de la ventrale gauche; vu par sa face postérieure en 7', et par sa face antérieure en 7''.

Fig. 8 est un rayon de la pectorale gauche; vu en profil en 8'; sa base est représentée par sa face antérieure en 8''.

Fig. 1 zeigt in natürlicher Grösse die Gestalt und Stellung der Schuppen zu einander auf den verschiedenen Theilen des Körpers, die Form und Eintheilung der Flossen; die Zahl ihrer Strahlen; die Umrisse der Kopfknochen und des Schultergürtels, und die Lage der Seitenlinie.

Fig. 2 zeigt einen Strahl der Rückenflosse, in vergrössertem Maasstabe, Fig. 2' ist derselbe Strahl von vorn gesehen; Fig. 2'' ein noch stärker vergrössertes Stück desselben, um die Einlenkung der Strahlenglieder zu zeigen.

Fig. 3 zeigt die Lage der Schuppen, an der Seitenlinie, mit den Bändern kleiner Pünktchen, welche zwischen den Schuppen gereiht sind.

Fig. 4 ist ein Strahl der Schwanzflosse; Fig. 4' gibt die Ansicht desselben von oben.

Fig. 5 stellt, in sehr vergrössertem Maasstabe, eine der kleinen Schuppen dar, welche, den Strahlen der Schwanzflosse entlang, in Reihen stehen.

Fig. 6 ist ein Strahl der Afterflosse, dessen Articulationen bei 6' vergrössert dargestellt sind. Fig. 6'' gibt die vordere Ansicht von der Basis desselben.

Fig. 7 ist ein Strahl der linken Brustflosse, bei 7' von hinten gesehen, und bei 7'' von vorn.

Fig. 8 ist ein Strahl der linken Brustflosse, bei 8' in Profil gesehen; Fig. 8'' zeigt die Basis desselben von vorn.

Fig. 1 shews the form and position of the scales in different parts of the body; the form and division of the fins, the number of their rays, and the exact outline of the bones of the head and shoulder.

Fig. 2 represents a ray of the dorsal fin magnified; fig. 2' is the same ray as seen from before; fig 2'' a fragment of the same much more magnified, in order to shew the articulations of the ray.

Fig. 3 represents the scales around the lateral line, with the series of minute points crossing them in the longitudinal direction.

Fig. 4 is a ray of the caudal fin; fig. 4' the same as seen from before.

Fig. 5 represents one of the little scales covering the edges of the caudal fin, highly magnified.

Fig. 6 is a ray of the anal fin. Fig. 6' represents its articulations magnified, and fig. 6'' its base as seen from before.

Fig. 7 is a ray of the left ventral fin; fig. 7' its base as seen from behind, and fig. 7'' from before.

Fig. 8 is a ray of the left pectoral fin; seen in profile at 8. Fig. 8'' represents its base as seen from before.

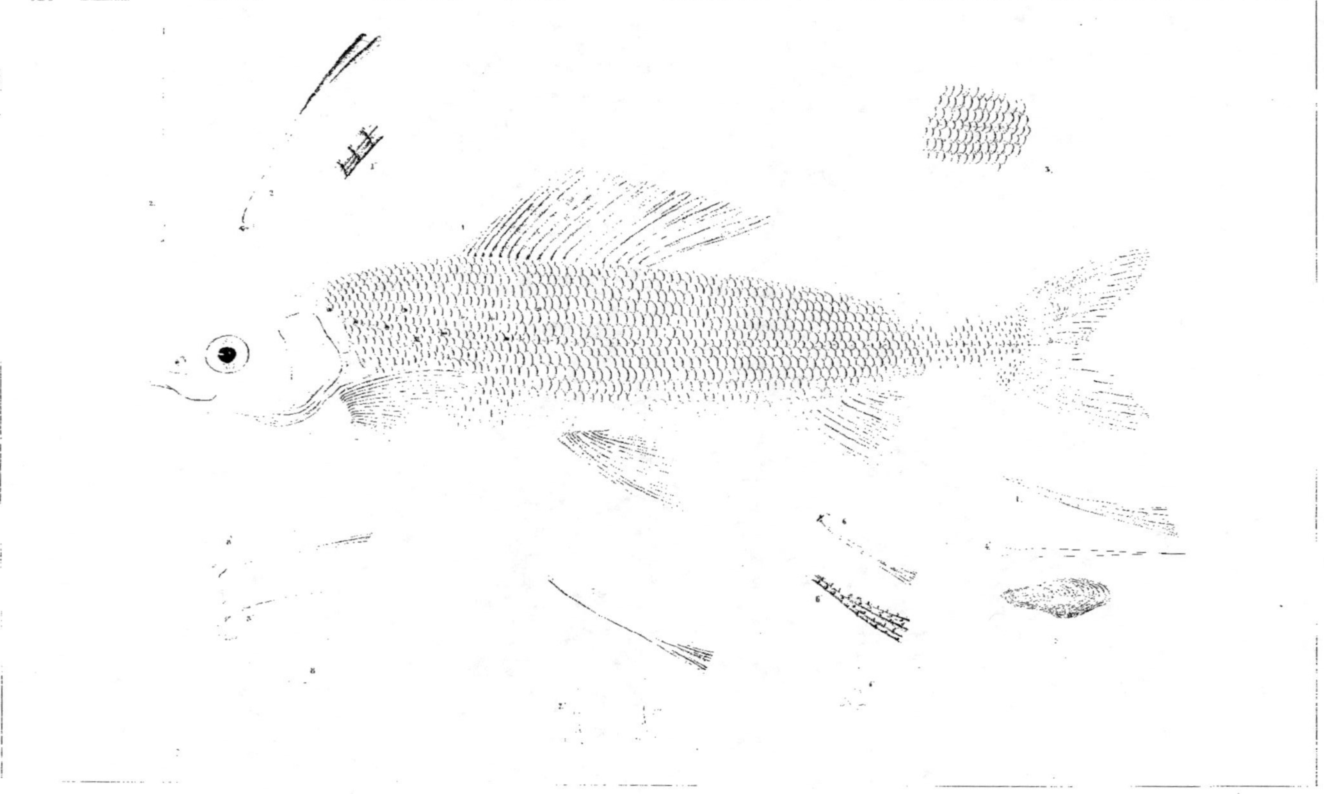

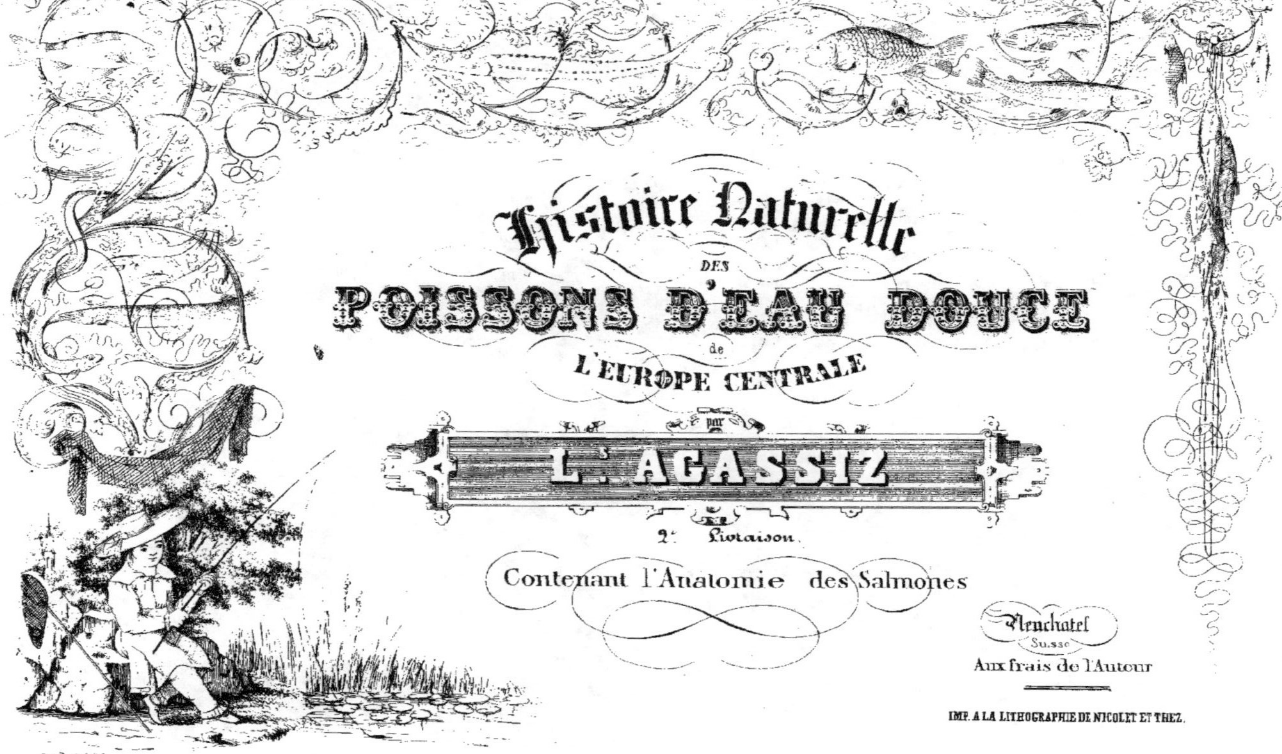
Histoire Naturelle
DES
POISSONS D'EAU DOUCE
de
L'EUROPE CENTRALE
par
L. AGASSIZ
2e Livraison.
Contenant l'Anatomie des Salmones
Neuchatel
Suisse
Aux frais de l'Autour
IMP. A LA LITHOGRAPHIE DE NICOLET ET THEZ.
Jas Dinkel del.

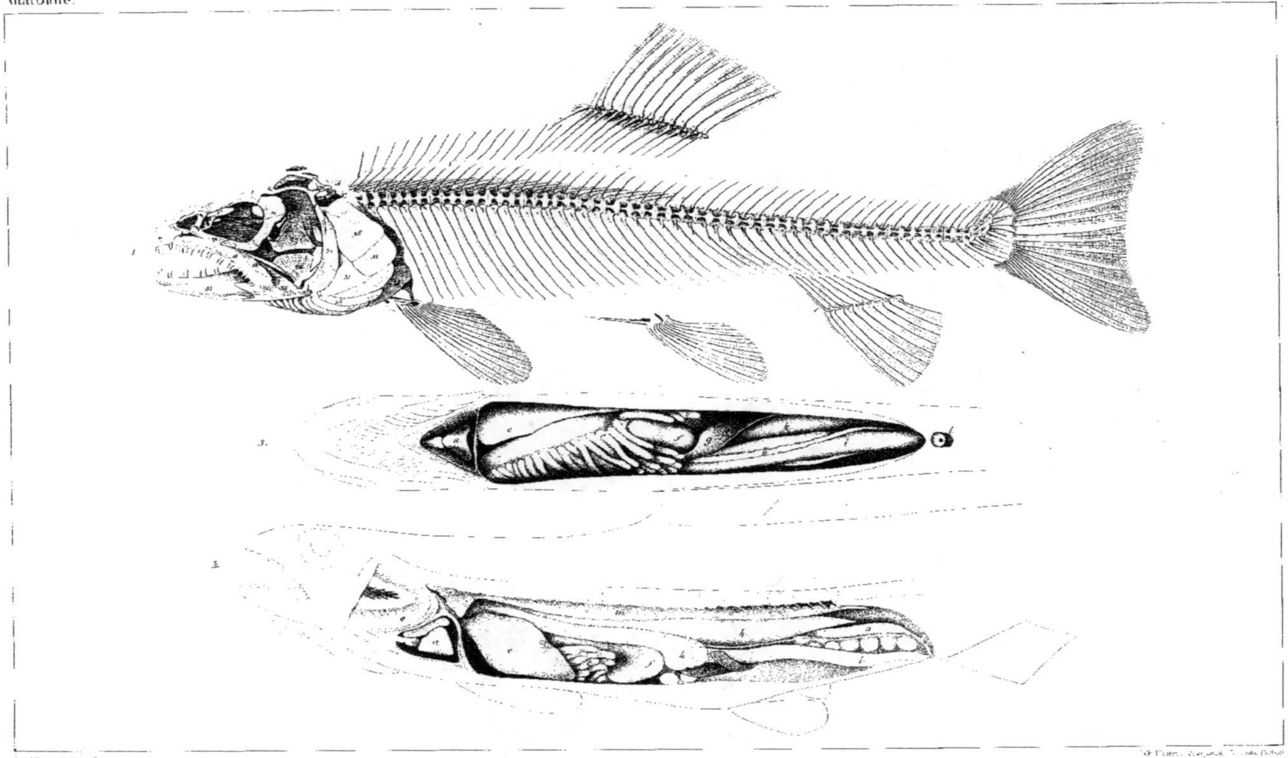

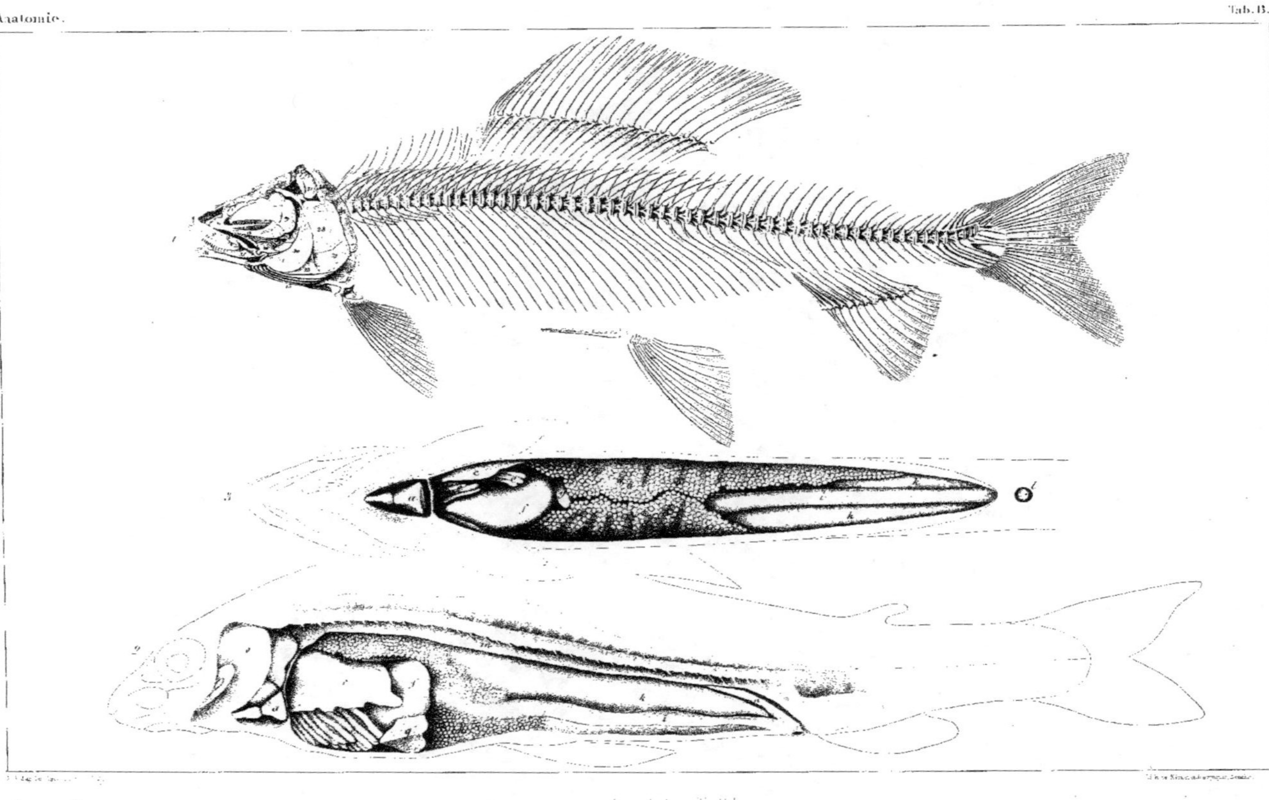

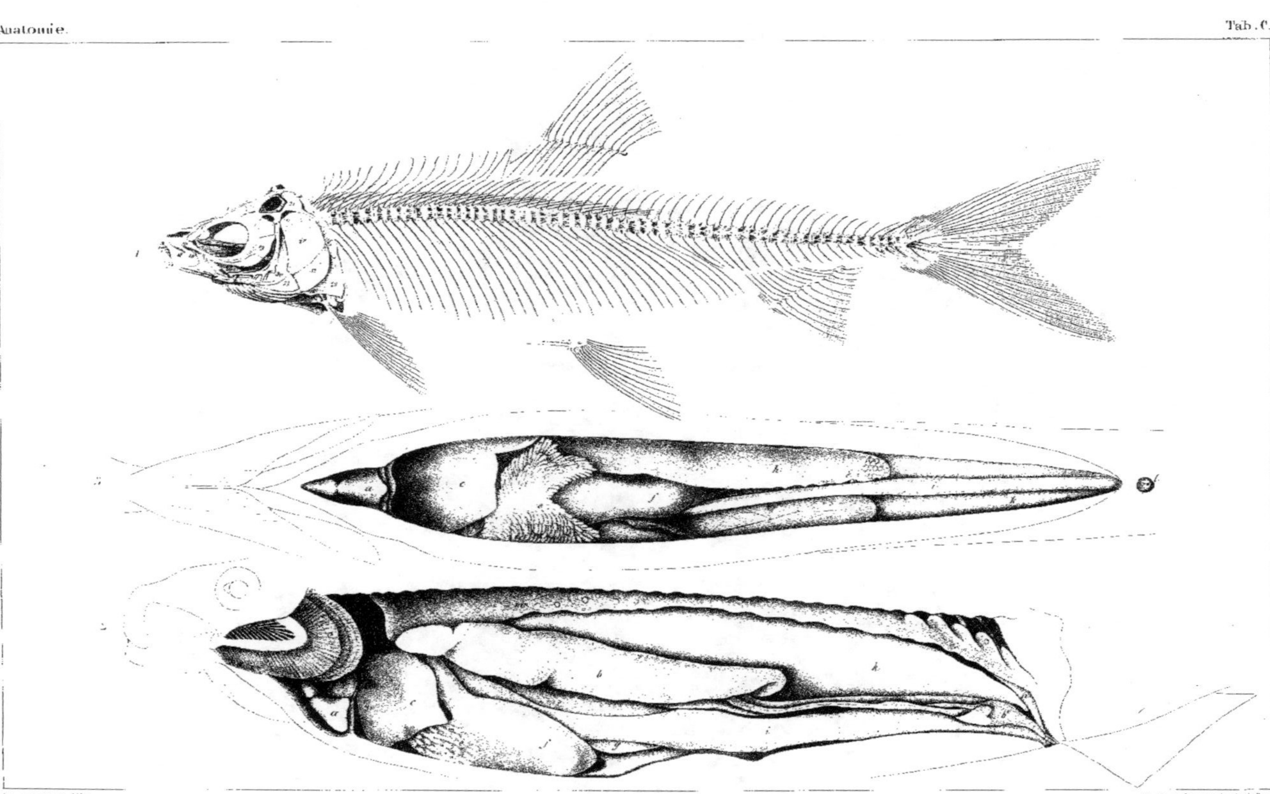

Fig. 1.   Fig. 2. 3.

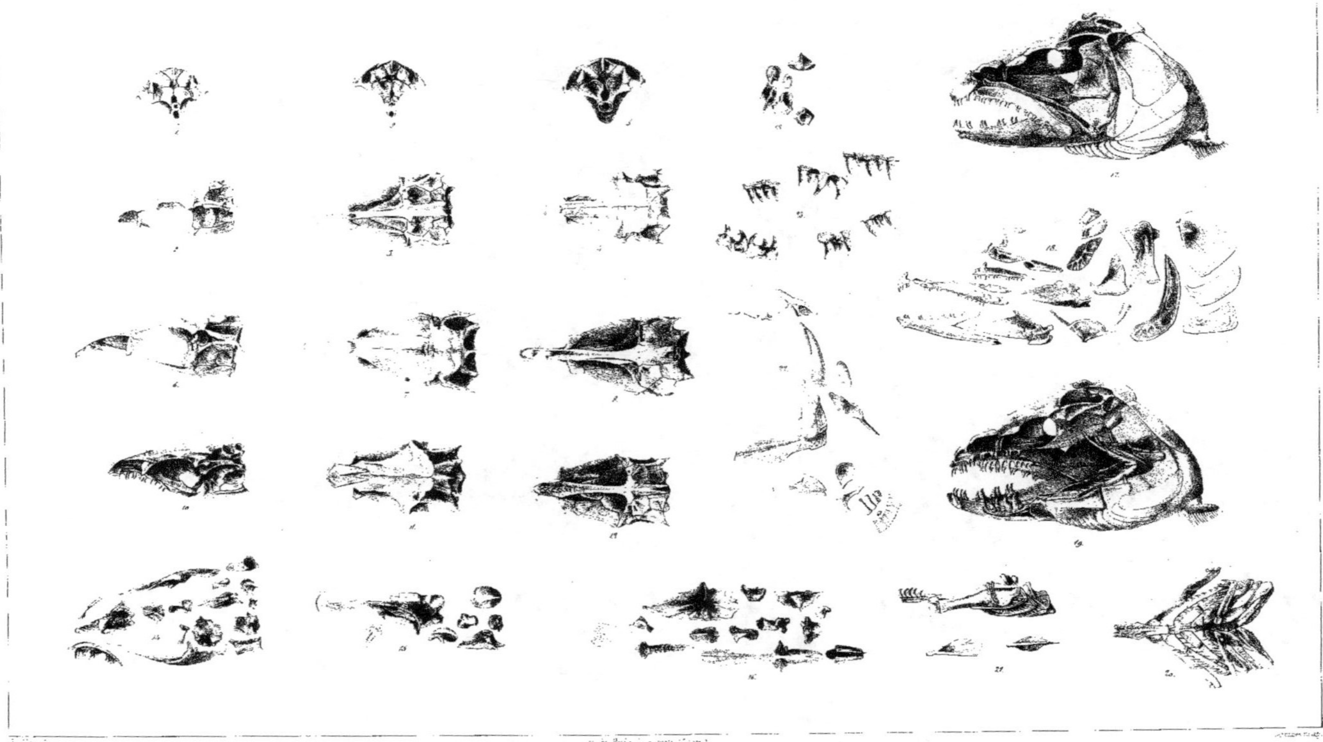

Fig. 1–4.　　Fig. 5–8.　　Fig. 9–22.　　Fig. 23.

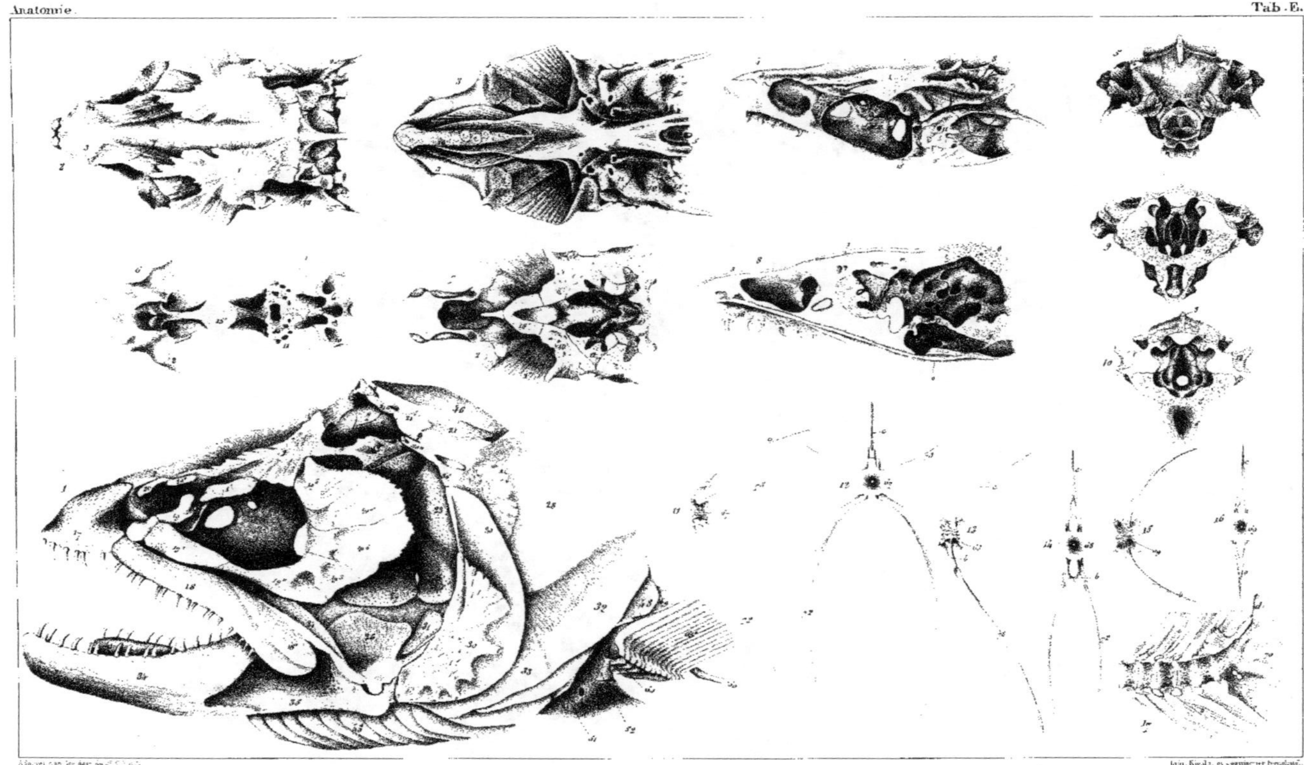

SALMO TRUTTA.

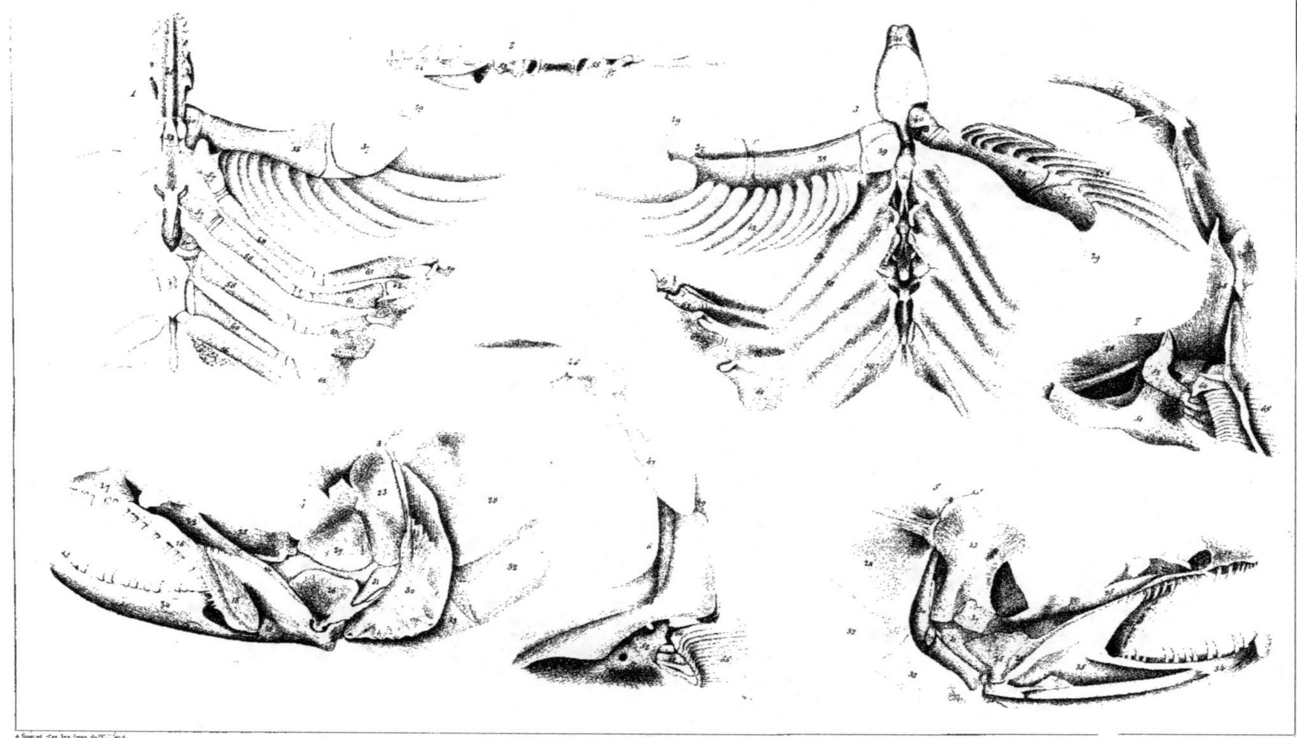

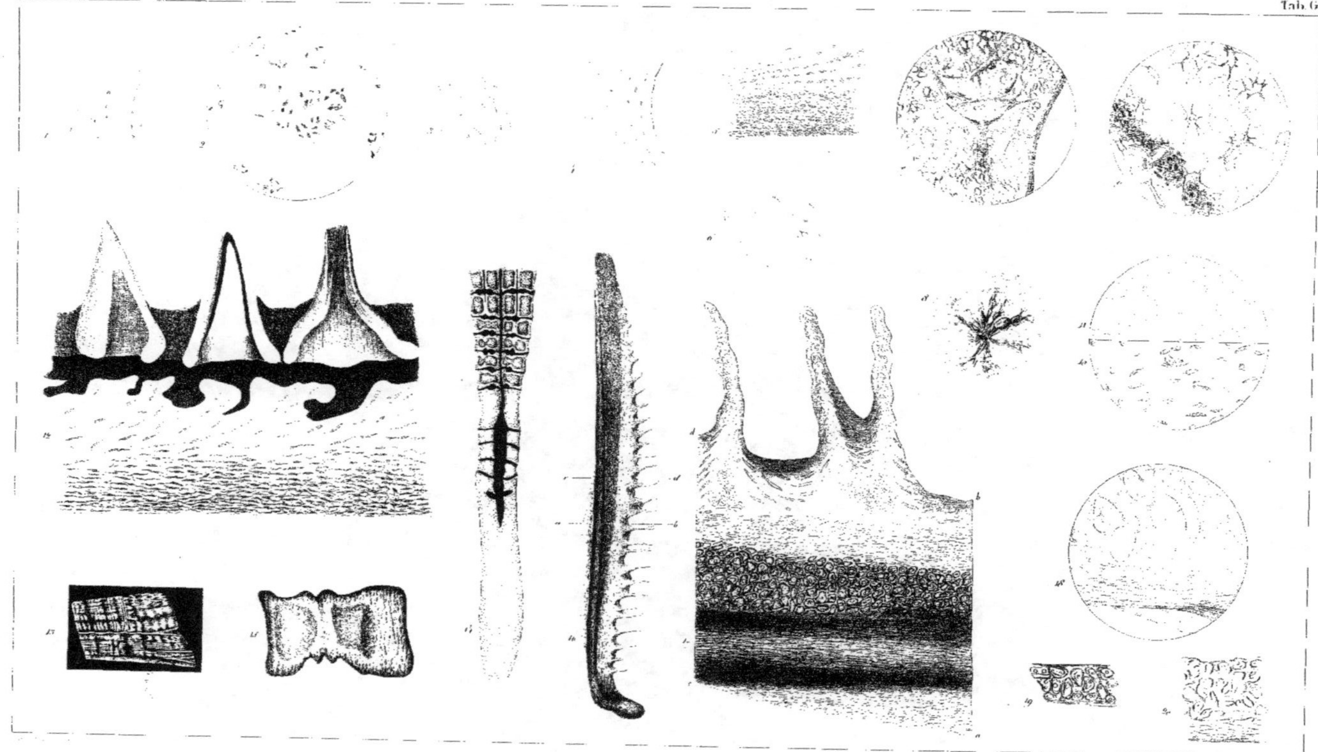

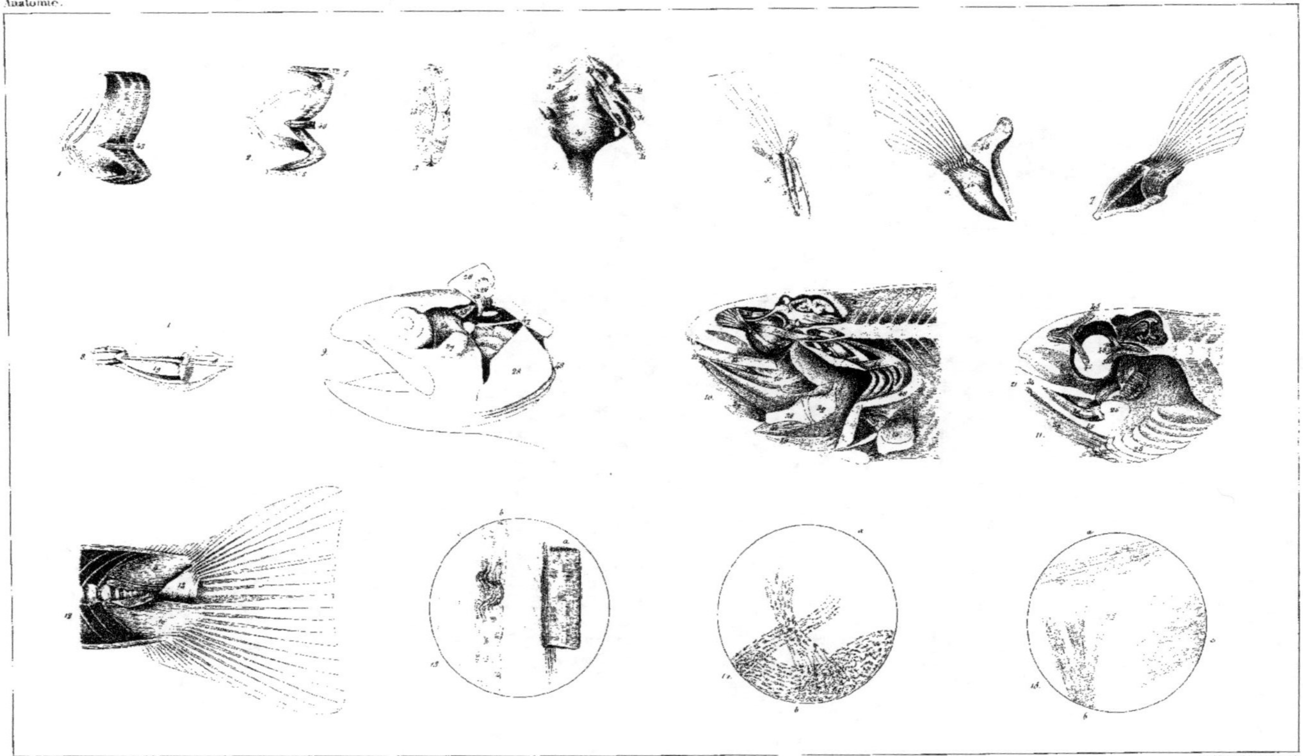

SALMO SALAR.

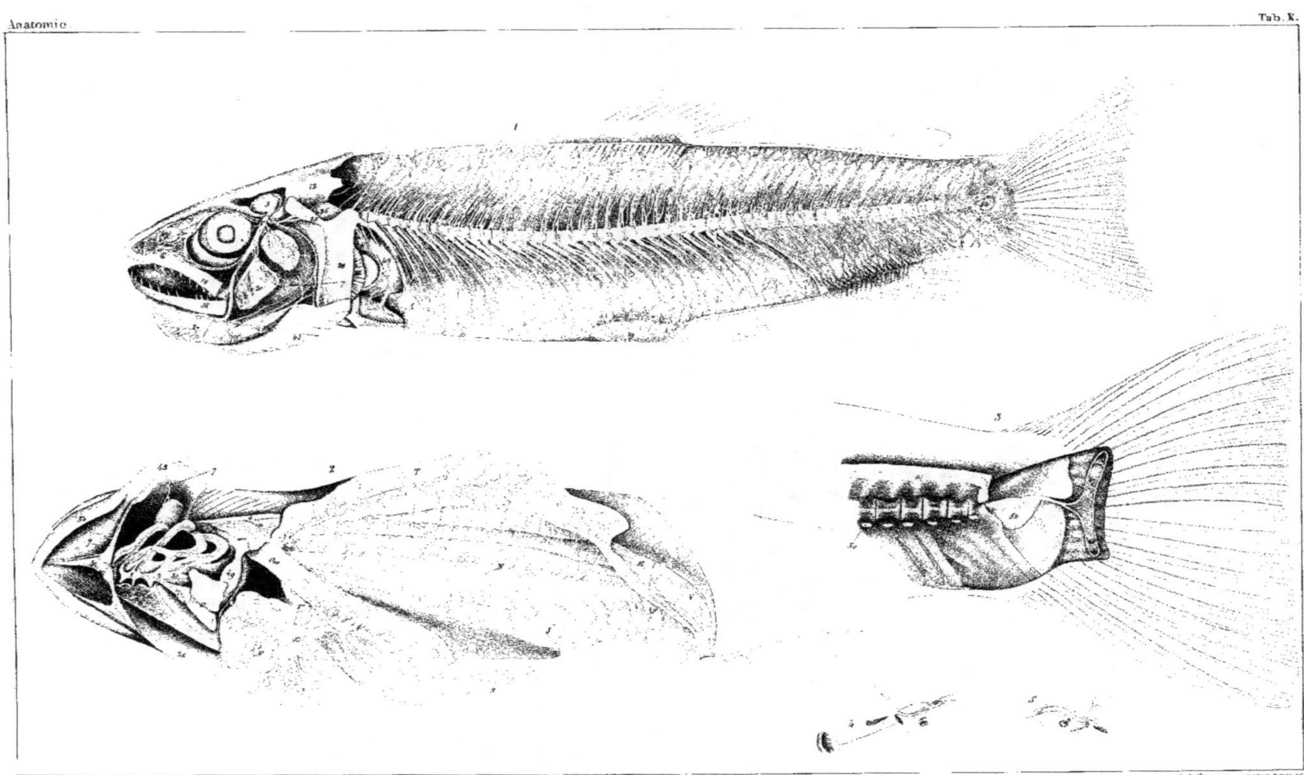

Fig. 1.2. SALMO FARIO. Fig. 3. & ...

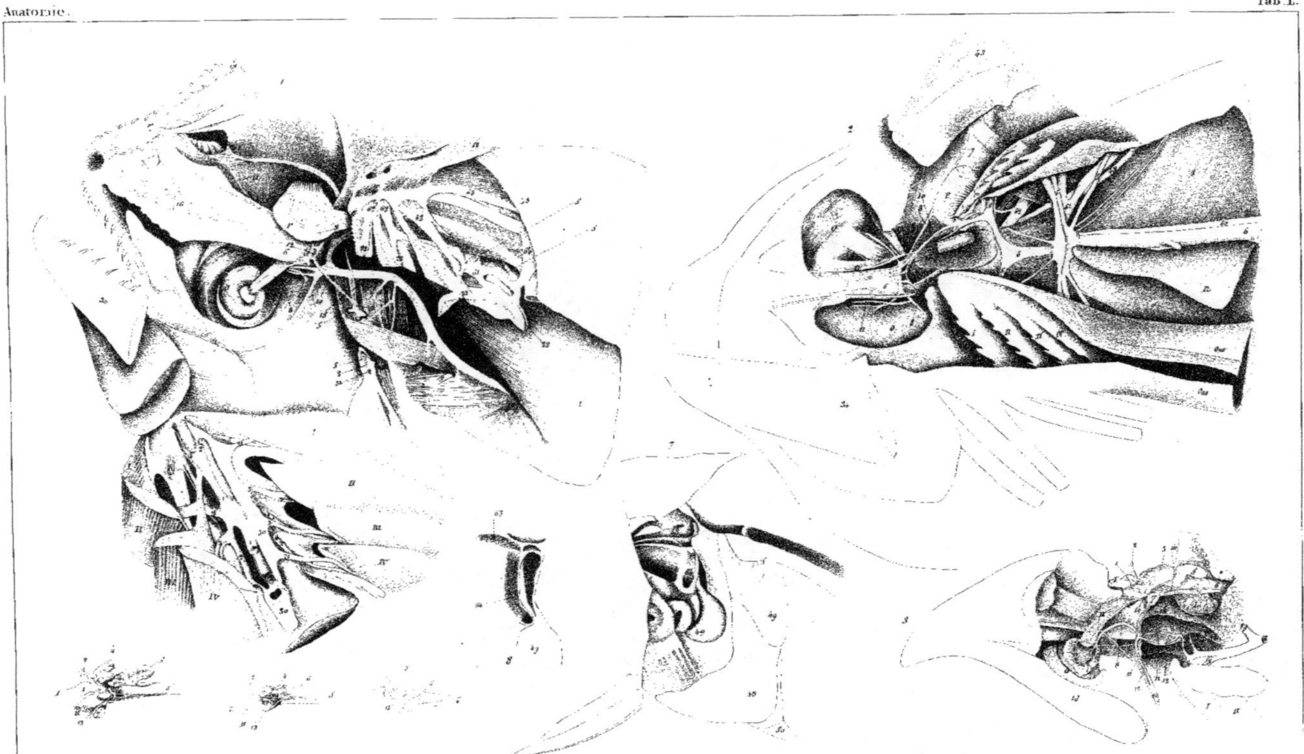